# 人生最曼妙的风景就是内心的淡定与从容

米苏 著

中国纺织出版社

## 内 容 提 要

我们曾如此渴望命运的波澜，到最后才发现：人生最曼妙的风景，竟是内心的淡定与从容。我们曾如此期盼外界的认可，到最后才知道：世界是自己的，与他人毫无关系。不必刻意讨好，不必强求争夺，相信自己的选择，懂得看开放下，静看人生起伏，演绎出不同的剧情。活出了真性情，便不枉此生。

**图书在版编目（CIP）数据**

人生最曼妙的风景，就是内心的淡定与从容 / 米苏著. --北京：中国纺织出版社，2017. 3（2024.1重印）
ISBN 978-7-5180-3072-9

Ⅰ.①人… Ⅱ.①米… Ⅲ.①人生哲学—通俗读物 Ⅳ.①B821-49

中国版本图书馆CIP数据核字（2016）第269169号

策划编辑：郝珊珊　　责任印制：储志伟

中国纺织出版社出版发行
地址：北京市朝阳区百子湾东里A407号楼　邮政编码：100124
销售电话：010—67004422　传真：010—87155801
http：//www.c-textilep.com
E-mail：faxing@c-textilep.com
中国纺织出版社天猫旗舰店
官方微博http：//weibo.com/2119887771
北京兰星球彩色印刷有限公司印刷　各地新华书店经销
2017年3月第1版　2024年1月第3次印刷
开本：710×1000　1/16　印张：15
字数：129千字　定价：48.00元

# 序　言

走在人生边上时，杨绛先生回首过往的人生，曾写下这样一番肺腑之言："我们曾如此渴望命运的波澜，到最后才发现：人生最曼妙的风景，竟是内心的淡定与从容。我们曾如此期盼外界的认可，到最后才知道：世界是自己的，与他人毫无关系。"

这位不凡的女性，以非凡的淡定领略人生沧桑，从容面对多舛的命运。她过着低调至极的生活，过着与世无争的日子。她把自己比喻成一滴清水，不是肥皂水，不能吹泡泡，对功名利禄始终抱着"万花丛中过，片叶不沾身"的姿态。她就像一道曼妙的风景，恬静、安适，淡然中透着内心的静美，有一份豁然的顿悟和智慧。

在生活的熔炉里，谁都无法安然地只做一个过客，总要去体会和品尝各种滋味，酸、甜、苦、辣、咸，样样不少。没有谁比谁过得容易，也没有谁真的比谁幸运。所谓幸福的人，不过是在尘世的喧嚣中守着一份安宁、在淡泊中品味精彩的人。生命的美丽和丰盈，不在于昂贵的外物，而在于心灵深处的从容。淡定从容，才有柔和与韧性，才有风吹不摇的沉静。

没有一颗宁静的心，生活处处都是慌张的死角；习惯了处处与人争，时时想做佼佼者，痛苦折磨的始终是自己。争强好胜，逐名追利，不是真正有价值的生活。很多时候，人生需要舍得和放下，放下了心中的石头，才不会荡起涟漪；放下了争强好胜，才能保持内心的宁静与平和，换来清新的生活。

安妮宝贝在《素年锦时》里说："那些语言似乎是飘浮在空气里的，它们会流动会漫溢，会让人心里暖和安定。"身处在这个越来越浮躁的年代，每个女人都需要这样的语言，抚慰身心。翻开这本暖心之作，其中的每一个故事、每一句箴言都似清澈的流水一般，帮你洗涤内心的悲伤、不满和失望，带领你的身心穿过黑暗、感受阳光。

如果，此刻的你正焦急地期待着一份结果，那么请你保持淡定。这个世界上，有一种幸福叫作守候，唯有淡定沉稳、懂得静心等待的女人，才能守得云开见月明。漫漫人生路，我们要努力使自己的内心平和而不动荡，宁静而不浮华，专注而不躁动，博学而不粗鄙。

淡定是人生的从容之态，是对生命的珍视，是对世事的释然；从容是一种优雅，是一种生活态度，是智慧的不争，是宠辱不惊，是对简单生活的追求。我们要以平平常常的心态、高高兴兴的情绪，多做平平凡凡、实实在在的事情，学会把平凡的、实在的事情做得有滋有味、有声有色、如诗如画、如舞如歌。

# 目录

## Chapter1
## 风霜洗尽铅华，我心依如夏花

岁月百变，坦荡从容不变 / 003

人生那么长，爱错一次又何妨 / 007

时光难倒回，就让往事随风 / 011

任何时候抱怨都是一种内耗 / 015

眼睛流着泪，也要敢于生活 / 019

幸与不幸，一切只在人心 / 023

笑看风尘起落的人间 / 027

美好或残缺，都留给曾经 / 031

历尽千帆后，纯真依旧 / 035

## Chapter2
## 安心做自己，活成独一无二的风景

生活无非是笑笑别人，再被别人笑笑 / 041

亲爱的，做你自己就好了 / 045

幸运的女人，其实都很有心 / 048

你那么好，你自己却不知道 / 052

不要用别人的优越折磨自己 / 056

静静地，绽放自己的光华 / 060

别比较了，没有人比你更重要 / 064

用心品味，真正的幸福双目难见 / 068

## Chapter3
## 自己对了，世界就对了

这一生，美丽与美好都要有 / 075

越唠叨，越糟糕 / 079

宽容是一种柔软的力量 / 083

用1/3的心思去爱自己 / 087

接纳自己，拥抱自己 / 091

寂寞的日子也可以很美 / 095

真正的愉悦来自内心 / 098

## Chapter4
## 世界再嘈杂，也要守一份安宁

不诱惑，也不受诱惑 / 105

拔下那根虚荣的羽毛 / 109

钱与心安，后者更可贵 / 113

饮遍世间烈酒，方知白水最长情 / 117

最大的勇敢，其实是拒绝 / 120

在平淡的日子里感受快乐 / 125

不慌不忙，走稳自己的步伐 / 129

## Chapter5
## 心平气和，故而从容

辗转曲折是岁月的常态 / 135
把经历当成上天的恩赐 / 139
不苛求别人，不刻薄自己 / 143
恨是无济于事的选择 / 147
退一步，你不会失去什么 / 151
比面子更重要的是胸怀 / 155
敢去爱，也要敢放开 / 159
人生无完美，何必苦追寻 / 164
尽人事后，且听天命 / 168

## Chapter6
## 柔软地爱着，硬气地活着

爱自己，从内在开始 / 175
平等的爱情才能长久 / 179
热爱生命，无关物质 / 183
外表可以柔软，内心得有支点 / 187
活成一朵明媚的太阳花 / 191
你当是他近旁的木棉 / 195
先谋生，再谋爱 / 199

## Chapter7
## 静下心来，一切自会明朗

夜晚来临前，与烦恼告别 / 205

永远不虚度此刻，即为珍惜 / 209

顺水行舟，不必太多虑 / 213

人生的滋味，需要慢慢品 / 217

心安是生命最美的状态 / 221

充实活着的每一个瞬间 / 225

你要的岁月都会给你 / 229

# Chapter1

## 风霜洗尽铅华，我心依如夏花

常言“彩云易散”，乌云也何尝能永远占领天空。乌云蔽天的岁月是不堪回首的，可是停留在我记忆里不易磨灭的，倒是那一道含蕴着光和热的金边。

——杨绛

## 岁月百变，坦荡从容不变

人生无常，岁月百变，时而翻滚，时而平静。谁也无法掌控命运的转轮，谁也无法预料明天的生活会怎样，然而，悲伤也好，喜悦也罢，都不会是永恒。很多当时看来过不去的门槛和艰险，都不过是生命里的小插曲而已。

女人应当从容坦荡，心中有爱和阳光，更要有一颗坚强的心去面对风雨，不能在困苦中失了自己的美丽和姿态。要知道，世上有一种美叫作“风霜洗过铅华，芳香永驻”。身为女人，若能用一颗平常心去对待身边发生的一切事情，不刻意苛求，能笑看云卷云舒，静观花开花落，宠辱不惊，去留随意，不计较得失，不失去信心，不失去乐趣，介入生命，创造生命，就一定会看到“柳暗花明又一村”。

沈永红在网上认识了一个叫作“花儿朵朵”的女子，她每天都在晒自己的幸福生活照。沈永红对花儿朵朵说：“真羡慕你，一直这么快乐。”花儿朵朵说：“鲜花到处绽放的世界，怎么会有悲伤呢？”

很多时候，沈永红是个很理智的人，可面对丈夫的各种毛病，她忍无可忍。一天一小吵、两天一大吵的生活，让她彻底疲倦了，可丈夫又坚决不同意离婚。无休止的折磨，在两个人之间肆虐着，她的心苦不堪言。沈永红看到自己草拟的那份离婚协议书，痛苦地对着电脑屏幕。也许，是因为自己感受不到幸福，她便开始怀疑别人的幸福。她觉得，花儿朵朵是在伪装，越是笑得开心，反射出的悲伤越大。

沈永红向花儿朵朵诉苦，花儿朵朵只是笑而不语。沈永红喋喋不休地讲起自己从恋爱到结婚的经历，从沉浸在幸福中到现在的无路可退，她感叹世事变迁，人心难测；更感叹自己无法相信如今这副颓废的面容，当年竟也是充满活力的。过去的风光无限、美丽动人，如今都已成了过往，永不复返。

花儿朵朵发来一行字："对着镜子微笑，生活是一面镜子，请微笑示人。"

沈永红继续说自己快撑不下去了，生活的重担太沉，她无法承受。对丈夫又爱又恨，她觉得好失望。她其实不知道，世界上可怜和不幸的人绝非她一个，而她也绝不是最不幸的那一个。

花儿朵朵给沈永红发来一个链接，那是花儿朵朵的微博。沈永红这才知道，花儿朵朵并非她想的那样。25岁时，在一场车祸中，花儿朵朵丧失了听力，说话也受到阻碍。那时候她一穷二白，没钱治病，做过洗碗工，发过传单，还替人背过很重很重的行李箱，以此换取微薄的生活费。后来，经别人介绍，她开始给一个有钱家庭做园丁，3年后自己开了花店。每天在花丛里快乐起舞的花儿朵朵，就是这样走过来的。现实里她是个不被命运看好的弃儿，可她的快乐不是伪装的，她是真的热爱生命、热爱生活。

她在微博里写过一句动人的话："幸福是用来感受的，伤痛是用来成长的。让心在繁华过尽后温润如初，带上最美的笑容，且行且珍惜。在那些难以前进的艰苦岁月里，为自己期盼的那一份幸福悄悄努力着、付出着，满怀希望地、静静地向未来走去。"

沈永红突然觉得，自己的痛苦和不幸与花儿朵朵相比，更像是一场闹剧。她撕掉了桌上的那份离婚协议书，叹了一口气，然后微笑，对着屏幕打上一串字：

"谢谢你，陌生的朋友！今天，是你让我懂得，生活是一种姿态。"

人生无常，难免有时顺境有时逆境，可谓悲喜交织，苦乐参半。品味艰辛，方知甘甜不易；经受苦难，才懂人生美丽。女人不该站在烦恼里仰望幸福，而是要努力试着去做一个幸福的女人，面朝大海，春暖花开。

佛家有云：人生在世，如身处荆棘之中。心不动，人不妄动，不动则不伤。如心动，则人妄动，伤其身，痛其骨，于是体会到世间诸般痛苦。女人若要获得幸福，首先要感知幸福，不让悲伤和消极的情绪影响自己、打败自己。笑容里的阳光，有消磨时光阴暗之功效。岁月能消逝容颜，却不能将灵魂毁灭；岁月能改变心境，却无法剥夺女人追求幸福的权利。一旦学会了微笑，我们就会发现，生活变得轻松，一切都变得甜蜜了。

数年前，在一家大型商场里，一个囊中羞涩的母亲带着4岁的女儿到处闲逛。她们走到一架快照摄影机旁，小女孩拉着母亲的手说：

“妈妈，我也想照一张相。”母亲弯下腰，拢了拢女儿额前的头发，温柔地说：“等给你买了新衣服再照相好吗？你的衣服太旧了。”小女孩紧闭着双唇，沉默了一会儿，而后用天真无邪的眼睛看着母亲，说道：“没关系，妈妈，我会微笑的。”

听到女儿的话，母亲心里突然涌起了一股力量。多少年了，她为自己的穿着打扮自卑过，为自己窘迫的生活懊恼过，今天女儿说的“我会微笑的”深深地触动了她的心。她昂起头，和女儿一起朝着摄影机走去。那张照片，后来一直放在她的钱夹里。

多年后，她的生活已经变了一番模样，女儿也已经长大，可是，那张照片还在。对她而言，那不仅仅是一张普通的照片，它时刻在提醒她，穿得再破旧、过得再艰辛，纵然一无所有，却还可以坦然从容地面带微笑，用热情和爱拥抱生活。

对于女人而言，漫漫长路，是优雅从容地走过去，还是被压抑和脾气控制情绪，远离幸福，全在一念之间。所以，举步维艰的时候，给自己一个微笑，让阴暗的心情晒晒太阳；遭受委屈的时候，给自己一个微笑，让豁达和宽容冲走所有的阴郁。微笑是一种勇敢，带着自己走向远方、走向未来。微笑，是女人最美的表情，也是生活最美的姿态。

**岁月能消逝容颜，却不能将灵魂毁灭；岁月能改变心境，却无法剥夺女人追求幸福的权利。**

# 人生那么长，爱错一次又何妨

《金枝欲孽》中的女人，无论是争名逐利、钩心斗角，还是善恶难辨、心口不一，可得知痴心错付、期望无果时，都没有回头的余地，只能长吁短叹，感慨命运。相较之下，生活在现代的女人幸运多了，不被宫廷礼数约束，不被男尊女卑牵绊，还有大把的青春如柳絮一般飞扬；不必为爱付出所有，也不必牺牲性命，只需自我调节、自我安慰、自我尊重、自我坚强。纵然爱错了，还可以回头，还可以继续追寻幸福。

人生路上，一时的风浪不会成为永远的阻碍，片刻的雷雨不会把希望浇灭，一时的错爱也不会让希望永远停歇。女人可温润如玉，亦可坚强如钢。生活掌控在自己手里，幸福与否全在于选择。你选择继续，选择坚强，希望就会延绵不绝。纵然年华与容颜终会随时光逝去，心里却依然可以保留爱的权利。

遇到他之前，她的生命宛若平静的湖面，没有丝毫的涟漪。直到那天，在毫无防备的状态下，他就那样出现了。在那个人来熙往的车站，被大雨困住的她，焦急万分，他送了她一把伞。从此，两个陌生的灵魂便有了交集。

他们相遇的那个车站，名叫国家图书馆。为了还伞，她在车站等过他几次，上天眷顾她的真诚，果然让她等到了他。原来，他每个周末都会到图书馆看书。相熟后，她总是陪着他，安静地不说一句话。有时夕阳洒满余晖，在他的眼睛里跳跃，令她醉得一塌糊涂，挪不开视线。

他在备考英语。她知道，他的女朋友在美国，总有一天他也会离去，到那个陌生的国度，去和他心中所想的人相会。她什么都懂，却总是安慰自己说："没关系，我只是在为自己的幸福做一点力所能及的事。"说得潇洒，可心里隐隐地会疼，会有不舍和不甘。

圣诞来临，窗外白雪皑皑，灯红酒绿的城市里，空气里弥漫着浮华。她请他去广场看烟花，他去了。在烟花开始前的5分钟，出租车被堵到路口上，她趴在他的肩膀上哭了。他安慰她说："没事，看看车窗外，烟花多美。"她探向窗外，烟花虽美，绚烂短暂。她只觉得苦，觉得冷。

新年过后，他去了美国。所有的快乐与付出烟消云散，她失声痛哭，心痛难忍，天天跑去酒吧消遣。嘈杂的环境把她的痛苦无限放大，多少次默默流泪到天亮。只过了个把月的时间，她已经变得瘦弱不堪，整个人也是恍恍惚惚。

她有点怨恨命运，为什么偏偏让她遇见了他，而遇见了又要分开？他走了，她觉得自己的心都空了，幸福也没了。她把自己封闭在狭小的世界里，不允许任何人踏进。偶尔，在街头看到甜蜜牵手的情侣，她的心就像被刀划了一样疼，惆怅在心里化作浓烟，熏湿了眼眶。她想象，此刻的他在美国做着什么？是不是和他的她，幸福地漫步在校园。而今，自己的世界里，只剩下孤独与苍凉。

偶然的一天，她在邮箱里看到一封邮件，看日期，是他临走的前几天。邮件上写道："你的心意我懂，谢谢你。与你相处的时光很快乐，可是对不起，我们相遇的时间不对。我相信，你会等到那个爱你并真正属于你的人出现。"

原来，他什么都懂，什么都知道。她对镜独照，看到自己蓬乱的头发和苍白的面孔，有些陌生。这还是原来的我吗？她不禁自问。他印象中的自己，肯定不是这番模样。她振作起来，梳洗打扮一番，穿上最喜欢的衣服，走出了家门。

窗外阳光明媚，冰雪消融，春天悄悄地来了，芬芳满园。她忽然觉得，自己能在最美的年华里遇到他，已经是一件幸福的事了。就算没有了后续的故事，但也是一段值得珍藏的回忆。想到这里，她忽然觉得心里暖暖的：他走了，带着她给的幸福走了，而留下的，同样是甜甜的回忆与温馨。

生命不就是这样吗？遇见了，一路相伴，那个人教你学会爱、学会生活、学会付出、学会幸福。即使他走了，你还有追逐幸福的权利，还要学会继续寻找爱、付出爱，让自己的生活充满爱。

女人要学会让自己时时刻刻光彩照人、美艳动人。无论风浪如何袭来，无论困苦如何纠缠，总是自信满满，微笑满面，以最好的姿态示人，就像从来没有受过伤一样，就像从来没有失败过一样。错爱可弃，但真爱仍需努力。只有自己幸福，才能给别人带来幸福。

做一个有爱的女人吧！胸怀宽广，温暖照人，给身边的人播撒幸福，给自己一片晴空。做一个能创造幸福的女人吧！不颓废，不懒散，不轻生，不厌世，不放弃追逐爱的权利，边流泪边微笑，边奔跑边欣赏。

人生路上，一时的风浪不会成为永远的阻碍，片刻的雷雨不会把希望浇灭，一时的错爱也不会让希望永远停歇。

## 时光难倒回，就让往事随风

一位乞丐无意间得到一个好机会，去参加一场盛大的宴会，品尝世界上的罕见美味。乞丐品尝完后，觉得那真是世间难得的美味，于是就躺在街角闭上眼睛回忆美味残留的滋味。别的乞丐又开始行乞的时候，他还是躺在那里静静地回味。几天之后，人们在街角发现乞丐骨瘦如柴的尸体，人们猜测，他应该是饿死的，但他的嘴角上扬着，像是在留恋美味的气息。

过去的味道，反复咀嚼，其实早已没了新意，只是内心不肯放下罢了。旧时光像一列疾驰而过的火车，载着曾经让人眷恋的东西呼啸而过。世间许多女人不能幸福地活着，就是因为内心的那份恋旧情怀，一直在留恋逝去的风拂面的感觉，对于逝去了的昨天，总有着难以解开的心结，任由过去的一切在时光里浓缩，任由那些吞噬幸福的往事越发清晰地弥漫开来。殊不知，关上了一扇旧窗，封闭在自己的世界里，所有的可能都会被拒之门外，所有的美好都会在心的拒绝中渐渐散去。

什么是幸福？不是因为过往发生了什么，而是一种心理感受，是每时每刻让自己保持积极美好的状态。逝去的往事可以回顾，但是不能把未来的所有时光都带入过去。时间的车轮会推着我们往前走，我们要做的不是和它相抗、逆转乾坤，而是活在当下，憧憬未来。让过去的人和事成为一支蜡烛，为生命里填充光亮，铺开人生的另一段旅程。

曾经，她有一个爱自己的丈夫，一个乖巧可爱的儿子，一个幸福温馨的家。因为工作的缘故，她常常要出差，一年下来，在外的日子比在家里的时间多上一倍。庆幸的是，丈夫一直支持她的工作，而她也很珍惜一家人团聚的时光。可是，天公不作美，偏偏要拆散这对相爱的人、这个美好的家。

多少年了，她的脑海里一直记得那个画面：丈夫带着她和儿子在外面玩，当那根掉下来的高压线恰好要落到自己头上的时候，丈夫拼命推开她和儿子，而自己却来不及躲开。结果，他永远地离开了她和儿子。

丈夫的离开，让她觉得精神世界全然崩塌。想到曾经对于丈夫和儿子的照顾不周，以及丈夫不惜用生命来爱自己，她觉得痛苦不堪。无数个日日夜夜，她对着丈夫的照片一次次流泪，祈求一切都不是真的，还可以重新活一次，弥补过去亏欠的爱。然而，生命只有一次，谁也无法例外。这种无奈，让她偶尔会觉得，自己是个“满身罪恶”的人。

自责从不停歇，苦楚从不断绝。她的生活彻底封闭，她把儿子送回农村父母那里，自己除了上班，就是回家对着丈夫的照片泪流满面。撕心裂肺的痛苦，她一遍一遍温习，总觉得对自己的惩罚不够。

直到有一天，她发现了丈夫生前的日记，丈夫在日记里写道：

“亲爱的老婆，你不在我身边，儿子很听话，但是很想妈妈。别的小朋友都由妈妈带着去开家长会，只有自己永远是爸爸带，感觉很自卑。假如某一天，你的工作不再那么奔忙，我只有一个小小的心愿，就是让你去开一次家长会，让儿子开心。”

“亲爱的老婆，同事们一家都出国旅游了，只有我们，很少有在一起的时间。最近我看到海南在举行啤酒节，我曾和你说过，要带你去看天涯海角，不知道你是否还记得？我一直记得。”

“亲爱的老婆，你说你感冒了，但是我没有办法照顾你，圣诞节游乐场的入场券我已经买好了，就等着你回来。放心，儿子的学习很好，不用担心。为了这个家，我甘心做你背后的影子，支持你在每一个开心或者不开心的日子里。”

她再也忍不住，号啕大哭。过去欠丈夫和儿子的实在太多了，难道今后还要继续亏欠吗？难道不应该振作起来，弥补那些曾经缺失了的爱吗？自己现在这样颓废，对得起丈夫以生命为代价的付出吗？现在的自己，不是一个人，而是带着丈夫的生命一起活着。想通了之后，她收起了悲伤。尽管偶尔心里还会隐隐作痛，但她知道，未来的日子还长。

这样的情景，不禁令人联想到了《泰坦尼克号》中的一处情节：

当永不沉没的轮船撞上了冰山，一切神话都幻灭了，泰坦尼克号的处女航成了永远的历史。可就在这艘巨轮沉没的过程中，杰克与露丝那份至死不渝的爱，让人感慨万千。

在生命的最后关头，脆弱的木板无法承受两个人时，杰克选择泡在刺骨的海水里，明知道自己不可能坚持太久，可他仍然用自己最后的一丝力气鼓励着心爱的人："你可以安然无恙，你要好好地活下去，你永远不要放弃。"面对死亡，他那么平静，那么坦然。而露丝呢？在这份爱的支撑下，顺利地活了下来，并且乐观地活了一辈子。她不是不难过，也不是忘了杰克，而是太珍惜这来之不易的"重生"，她是把自己和杰克的生命，一同活了下去。

幸福来自内心的安静和沉淀。想要获得幸福，就不能迷失在过去，也不能执着在自己的情感里，作茧自缚永远是自己最大的敌人。无论什么原因，无论何种境况，想要活得坦然和精彩，就要让自己勇敢踏过荒野，甩掉满脚的泥泞。

宋朝无门慧开禅师说："春有百花秋有月，夏有凉风冬有雪。若无闲事挂心头，便是人间好时节。"抛弃过去的羁绊吧！别让自己在过去里沉沦了，昨天是回不去的曾经，但我们都还拥有现在和未来。过去的那些往事，就让它成为永久的回忆，在某个清晨或黄昏，从记忆深处翻开看看，看过之后重新整理好自己的行囊，继续人生的旅程。唯有从无谓的痛苦和执着里挣脱出来，才能享受到真正的云淡风轻。

**无论什么原因，无论何种境况，想要活得坦然和精彩，就要让自己勇敢踏过荒野，甩掉满脚的泥泞。**

# 任何时候抱怨都是一种内耗

有人说，不抱怨的女人命最好。遇事就喋喋不休地抱怨不停的女人，不但无法换取别人的同情，还会暴露自己的丑陋、软弱和卑微。守护一段感情、一个家庭，就像守护一朵花，若总是常常寄希望于花开，却又忘了浇水，期望与现实就会产生冲突，乌烟瘴气也由此而来。女人一旦被抱怨蒙蔽双眼，就很难看清自己拥有的一切，更难以享受生活。

心灵作家张德芬在《遇见未知的自己》中指出：抱怨是最消耗能力的无益举动。很多时候，女人对人和生活的情境不满，却找不到合理的方式发泄和缓解，就会对身边最亲近的人抱怨不休，终日扮演着祥林嫂的角色。面对这样的女人，再强悍的男人、再亲密的朋友，也会迅速逃之夭夭，没有谁乐意吸收这样的“高谈阔论”。

周丽丽看着对面儿子杂乱无章的书桌，火冒三丈。丈夫在客厅里看电视，视而不见。她心里觉得委屈，白天上班忙碌，回家还要洗衣做饭、收拾屋子。她像往常一样，走出来指着丈夫的脑袋抱怨：“怎么现在你变得这么懒散？吃饭你都懒得拿筷子。你的眼睛掉到电视里去了，屋子里乱得没处下脚，你看不见吗？”

丈夫不理，依然我行我素，这样的抱怨从几年前就开始了。儿子如今上小学了，他们两个都要上班，周丽丽下班早，这些事情自然也就归她了。

“现在的好男人都到哪里去了，怎么让我碰见这样的你！衣服已经堆三天了，你不管不问，饭后从来不洗碗，儿子的家庭作业我还要辅导，你就只会在旁边看。你就真的没有一点时间吗？”周丽丽越想越来气，索性拿个杯子往丈夫身上砸去。

“好了，你可以不做啊，谁强迫你做这些事情，少干点活，大家就不能活吗？”丈夫忍无可忍，回了几句话。周丽丽听了，唠叨变本加厉了，一开始只是稍微说一说，后来直接开始动手打骂，然后是摔东西，那样子。简直就像个泼妇，似乎也是疯了。

周丽丽觉得委屈，自己任劳任怨做了那么多事情，难道抱怨两句还有错吗？她收拾东西回到母亲家里，眼泪淌了一地。母亲看见既心疼又无奈，对周丽丽说起自己年轻的时候，也和她那样见不得“不公平”的事情，也曾抱怨在婚姻中受了委屈。后来，因为丽丽的父亲调到外省工作一年，她才觉得，家里如此空旷。那些日子，再脏再乱再苦，也得自己一个人承受，抱怨也无可奈何。可就是那一年，母亲想通了：能有个人相伴相守，每天说说话，就是一种幸福，至于洗衣做饭，那都是小事，又算得了什么呢？

周丽丽平复好心情后回到家里，看到家门口等待的丈夫和他怀里熟睡的儿子，忽然觉得令人生厌的日子其实也是一种幸福。只是，自已被抱怨迷惑了，从未用心去体味过。

女人想获得幸福，就不要把生活变成嘴里的闲言碎语。要么宽容，要么放弃。与其自暴自弃，就此沉沦，不如调整心态，重新思考。聪明的女人，从不会用抱怨来计较生活，抱怨和等待往往只会让人收获凋零。她们会试着改变可以改变的，接受无法改变的，找个合适的方式，把心里的垃圾丢掉，注入新鲜的空气。每一次的更新，都会让幸福升级。

一个周末的午后，秦岚坐在书房里想着自己手里没有成形的工作方案，满心焦急，抱怨领导只会把棘手的任务交给自己。吵闹的儿子在一旁不停地捣乱，她实在不知道该怎么办才能让儿子安静下来。忽然，她看见身边的一本杂志，灵机一动，扯下了封面，这是一张世界地图。秦岚把它撕成很多块，然后交给吵闹的儿子，让他到客厅里按照壁挂上的世界地图，把这些碎片重新拼接好。如果做到了，就奖励他一件礼物。

她以为这件事足够儿子忙活一上午了，可是才过了半小时，儿子就又站在她的面前。他说，他把世界地图拼好了。秦岚愣住了，觉得这根本是不可能的事。可她看到儿子的“杰作”，又不得不相信。她惊讶地问儿子是如何做到的，儿子说：“这张图的背后是一个人，我是按照人像来拼的，然后翻过来就是地图。只要‘人’好了，‘世界’就好了。”

她心中一动，感慨儿子的箴言。她说：“谢谢你，孩子。你说得一点都没错。”

抱怨世界、抱怨生活的糟糕，不过是内心的映射罢了。女人如若时刻保持一种乐观的心态，就会发现世界其实很美，生活其实很好。心好了，人好了，一切都会好起来。想要改变现状，改变不如意，就要先闭上抱怨的心门。

不抱怨的女人，能透过苦难看到将来的幸福，不抱怨的女人对未来充满希望，不会轻易被眼前的辛苦冲昏头脑，不会让情绪蔓延，不会怨天尤人，不会唠叨不休，让生活戴上不满枷锁。苦难只是一时，风雨也会过去，彩虹终会绽放，天空终会晴朗。

不抱怨的女人，有自己的修养气度，有自己的思想和主见，生活越是不幸，越是不放弃自己；越是没有人爱，越是好好爱自己。不抱怨的女人，从不轻易在别人面前摆放她的喜怒哀乐，也不会大喜大悲，更不会在不幸的迷途中停留太久，哭过、闹过、伤过，仍一往如前。她们悄悄地收起自己的软弱和狼狈，勇敢地面对，跨过艰难的考验，证明自己活在当下，活得精彩。

幸福像爱心一样能传递，抱怨像病毒一样会散播。不要为了琐碎的事情抱怨不已，那会让迷人的气质和魅力在唠叨中消磨殆尽。生活不是甜点，酸苦辣咸都要尝遍才能明白幸福的真谛，女人要学会创造幸福，感知幸福。美丽高贵的女人不一定拥有幸福，拥有幸福的女人一定是美丽高贵的。她们心中有爱，能温暖自己，感染他人。

**女人如若时刻保持一种乐观的心态，就会发现世界其实很美，生活其实很好。心好了，人好了，一切都会好起来。想要改变现状，改变不如意，就要先闭上抱怨的心门。**

## 眼睛流着泪，也要敢于生活

贾宝玉说，女儿都是水做的，所以女人总是多泪。黛玉从走进贾府的第一天开始，就注定了要活在泪水里；而宝黛相见的第一天，宝玉也就不辱使命地让黛玉哭了一回。

很长一段时间里，有人把女人的眼泪当成征服男人最好的武器，可事实是，没有一个男人喜欢黛玉这样的眼泪瓶。女人的眼泪，默默含着柔情，令人疼惜。但总是梨花带雨的女人，软弱得没有了主见和智慧，只会让人感觉压抑，不愿意亲近。

人生风雨坎坷，没有谁的日子总是一帆风顺。女人天生有着丰富的情感，难过的时候，情感往往会化成眼泪，将心中的爱与恨淋漓尽致地释放。哭过、笑过，人生才是完整的，偶尔的放肆与宣泄，无可厚非，但在眼泪流尽之后，要收拾好心情，重新出发。如果眼泪流干了，心还浸泡在泪水中，那就是作茧自缚了。

古时候有一个王后，总是为自己不能事事顺心如意而感到难过，她的眼泪足以灌满窗前的花瓶。有一次，国王命人带回来一个美丽的女人，王后受到冷落，觉得很难过，哭了整整一夜，直到天亮。第二天，国王又带回了一个女人，王后又哭了一夜。第三天仍是如此。

第四天，国王又带回了一个女人，王后再也忍不住，告诉国王，自己再也不能忍受了。国王告诉他，如你还像从前那样整天哭泣的话，我每天都会带一个女人回来。

哭是生活的一种调味方式，生活中有激动的泪水、愤怒的泪水、难过的泪水。哭泣的女人，最开始总会让人怜香惜玉，但是把哭当成事业的女人，没有几个人愿意忍受。女人若经不起风吹雨打、花开花落，一生也就难以振作，幸福也就与其无缘。难过时可以哭，为的是疏导情绪，可哭过之后还要昂头挺胸，继续向前，不要把昨天的悲伤和眼泪带到日后的每一天。

听说孙红雪住院了，她急急忙忙赶过去。医院的病床上，孙红雪瘦得皮包骨头，不成人样，令人心疼。她老公没有来，身边连一个照顾的人也没有。

她和孙红雪是大学同学。几年前，孙红雪结婚的时候，没有人不羡慕她嫁了一个好老公，衣食无忧。可短短几年，孙红雪像老了10岁。那个在婚礼上以帅气和浪漫感动所有人的新郎，如今已经不知去向，只留下一些钱。

孙红雪醒来的时候，眼睛里噙满泪水，把心里的苦一股脑全发泄出来。生活如此不公，命运如此无常，她感慨万千。她看着病床上的孙红雪，竟然无语，只好对她说：“要坚强，哭一场，就忘记过去吧。好好生活，重新开始，陷在痛苦里不肯自拔，折磨的只是自己。”

看着孙红雪抱着自己歇斯底里地哭了一番，她也忍不住落下眼泪。当孙红雪的情绪渐渐冷静下来，她才慢慢地起身，到窗边拉开窗帘。窗外阳光明媚，欢声笑语。她示意孙红雪看看这番景象，希望孙红雪明白，生活还是很美丽的，只要敞开心扉，微笑面对。

女人想要获得幸福，把哭泣当成事业是没有成效的，泪水太多，就变得廉价。哭只是发泄的途径，眼泪再多，心也要坚强。把哭当作一场洗礼，哭过之后，就要清扫自己心中的垃圾，轻松上阵，相信人生没有什么过不去，而后微笑面对明天，让彩虹在泪水之后绽放在天空。

一位女孩在网络日志上写道，她每隔一段时间就会狠狠地哭一次，不是刻意规定某个时间，而是用不同的事情来诱导，把内心积累的情绪释放出来。家里经济原因带来的负担，失恋之后的痛苦，工作失意引发的自我否定感，都在眼泪流出的那一刻随之消失了。哭过之后，她心里会觉得好过很多，竟还会不自觉地安慰自己："没什么大不了，家里的问题大家一起想办法；失恋了不代表我不好，我依然是个值得爱的女孩；工作只是生活的一部分，不能让它时刻成为沉重的包袱。"

哭是一种发泄方式，感觉撑不住的时候，大哭一场，它不代表软弱，只是坚强了太久，需要释放内心的创伤，寻回勇气。不要总渴望别人来同情、可怜自己，不要遇到一点困难和挫折，就认为生活的路走到了尽头，再没有回转的可能。你退缩了、畏惧了，才是真的失去了希望。

有一首诗歌里这样写道：跟你一样，我已懂得忘却，早已不为任何理由哭泣。可是每逢八月，令人害怕的雨总是滂沱。我流着泪走在雨中，不需要同情和怜悯。雨水流淌，连着八月的梦境，如同爆发前的火山，岩浆在沸腾，寻找着裂口，完成一次救赎。

此刻的你，若是难过，若是委屈，若是痛心，尽管放肆地哭一场。哭泣之后，擦掉眼泪，收起狼狈，绽放笑容，带上满满的自信，以最好的姿态展示人前。做一朵坚强的玫瑰，在每一个清晨雨露中，笑着迎接阳光，笑着迎接风雨，幸福就会悄悄降临到你的身上。

做一朵坚强的玫瑰，在每一个清晨雨露中，笑着迎接阳光，笑着迎接风雨，幸福就会悄悄降临到你的身上。

## 幸与不幸，一切只在人心

同样面对半杯水，乐观者会说“幸好，杯子里还有半杯水”，悲观者则会忧郁地想“糟糕，只剩下半杯了”。一念之差，结果迥异。对于那半杯水而言，无论被人如何看待，都不会因为外界的任何想法而改变它存在的方式。说到底，幸与不幸，一切也只在人心。

生活也是如此，换种心态就是换种人生。世事无常，瞬息万变，同一件烦恼的事情，有些女人唠叨个没完没了，有些女人则笑而不语；有些女人逆来顺受，有些女人则冷静理智；有些女人大呼小叫，有些女人则温柔平和；有些女人哭哭闹闹，有些女人则付诸行动。也许眼前的事情会让人感到难过、绝望，可是谁能保证换一个人、换一个家庭，就一定会变得更好呢？

幸福的女人，并不是人生里没有眼泪，而是在眼泪流下的时候，嘴角还带着微笑。无论生活是水深火热，还是冰天雪地，都不会放弃内心的希望。就像一株向日葵，永远面朝阳光，带着希望，带着温暖去面对所有。纵然生活历经困苦，依然懂得自己创造幸福的心境，而不是关注眼前一时的悲喜。如此温婉平和的女子，不仅能让自己幸福，还会给自己的家庭带去希望。

一个女人先后经历了婚变和失业，在度过了一段歇斯底里的日子后，她又顽强地站了起来。

她在自己的博客里写下了这样一段文字："遇到什么不开心的事情或者想不通的事情，就翻出来看一下，然后学着释然。人最大的幸福应该是自己给的，尤其是女人。生活从来都不乏色彩，只是有时候我们会被悲伤、仇恨、嫉妒蒙蔽了双眼，一头扎进去不愿意出来，画地为牢，一遍又一遍地重复自己的悲伤。我不想再委屈自己，不想再继续阴郁，没有谁是不可或缺的，也没有谁离开谁就会窒息而亡。我要学着给自己制造快乐，学着去理解、去体谅，学着去遗忘那些不愉快的过往，学着放弃对鸡毛蒜皮的小事的纠缠，学着忍耐淡然，学着忽视情绪的不安，学着深信爱着的人。"

生活就像是一架天平，天平往左倾斜，就只能让失望和抱怨转化为极端和无助；天平往右边倾斜，就能让最初的苦痛幻化为坚强和勇敢。要做到乐观地活着、幸福地活着，说难也难，说容易也容易，只要在任何一段时光中，都记得用好此刻这一秒，人生就不会遗憾，幸福就会长远。别让一念的悲伤，轻易地瓦解了自己的信念；别让一刻的忧郁，取代了幸福的位置。

丈夫夜不归宿三次了，直觉告诉她，他真的爱上了别人。想起曾经一起走过的路，心里的酸楚难以言表，痴心错付的事发生在自己身上，她怨过、恨过，却无济于事。朋友对她说："过不下去就算了，不要再纠缠下去，伤人伤己。"

她何尝不想一走了之？可是，情终究不是说断就断的。天真懵懂的儿子，离不开父母的爱，一个支离破碎的家，势必会给他留下阴影；更重要的是，深夜扪心自问，她知道自己对他余情未了。她决定，换一种方式去面对。

她不再吵闹，不再抱怨，不再歇斯底里。丈夫归来，笑脸相迎；儿子归来，呵护备至 。周末，带上儿子去附近的公园或者游乐场，自己稍作打扮，虽算不得完美，却能看出颇为用心。比起从前，她似乎更从容了。闲来无事的时候，她努力学习厨艺，煲各种各样的汤。香雾缭绕着厨房，儿子在一旁啧啧不停，胃口也好了，甚至比平时多加半碗饭。冷漠不爱回家的丈夫，不知从什么时候开始，竟也乐意早点下班陪伴孩子，在厨房里打打下手，称赞她越来越懂生活，越来越贴心。她不吝啬自己的笑容，宛若玫瑰一样娇艳。

没错，幸福是自己的，与其自怨自艾，不如改变自己。她还去报了个英语班，几个月下来，竟也能用不是很标准但是也不差的英语与人交流。丈夫突然发现，在一起生活了几年的妻子，虽然年过三十，可不知怎的，萌生出了更大的魅力。结果不言而喻，丈夫回心转意。她只当一切都没有发生，毕竟男人有时也只是迷路的孩子。

身为女人，长得漂亮不算什么，活得漂亮才是本事。不是生活本来给你什么样子，就是什么样子，而是你想活出什么样子，就是什么样子。一念天堂，一念地狱。一念之差，幸福与苦痛就随之而来。人们之所以喜爱那些乐观的女人，是因为她们充满着希望，不但鼓励了自己，更能感染他人。女人因希望而美丽，女人因勇气而坚强。幸福的女人从来不觉得生活是一种阻碍，而是对着生活笑而不语，时刻调整好心态，勇往直前。

曾经读过这样一段话：即使没有名誉、地位和金钱，也要自豪地说我很幸福，因为我有健康的身体；即使不再拥有健康的身体，已然可以微笑着说我很幸福，因为我还有一颗健康而美丽的心；当身体和灵魂都不存在的时候，仍然笑着对宇宙说我很幸福，因为我拥有过曾经。

不要祈求上天给予你什么，要多看看自己拥有什么，用愉快的心情看天，天特别蓝；用美丽的心情赏花，花特别艳。心有多大，幸福就有多大。

**别让一念的悲伤，轻易地瓦解了自己的信念；别让一刻的忧郁，取代了幸福的位置。**

## 笑看风尘起落的人间

患得患失的挣扎，几乎是每个女人都曾有过的感受。渴望拥有的东西，日思夜想，耗尽心力地去争取，生怕错过，蹉跎了岁月；握在手里的东西，紧紧地抓着，哪怕对自己来说已经不再有什么特别的意义，也不愿意放手，只因畏惧失去后的那份落寞。

如此过活，亦步亦趋，放不下的种种，渐渐成了心灵的负担，紧紧包裹着灵魂，动弹不得，如同给自己织了一张厚厚的网，困顿于其中，找不到出口。

她说："我遭遇的人生第一场变故，是高考落榜。那时，整个人都崩溃了。我的成绩一向很稳定，不管是父母还是老师，都对我寄予厚望，觉得我能轻松考上一所重点大学。可成绩出来后，我自己都傻了，只够上一个二类院校。整整一个暑假，我都没出家门，我害怕别人问起我的成绩……正好赶上炎夏，天气也热，我两个多月的时间，掉了整整25斤，每天萎靡不振的，谁也劝不了。

"后来，我的班主任亲自找到我，开解我。她是个刚毕业的年轻女孩，她跟我说，每个人都会遇到一些意想不到的变故。她大学毕业的前一年，母亲去世了，而她也放弃了考研的打算。当时的心情，比我还要沉重，至少高考还可以重新来过，可离开的母亲，却永远回不来了……

“我听得心酸，就起身去给她倒了一杯水。她端着手里的杯子，问我这杯水有多重，我当时被惊住了，说不知道，大概50克吧！她说：‘是啊，不过50克左右的样子，轻而易举就端起来了。可是，你能拿多久呢？拿一分钟，我想每个人都没问题；拿一小时，可能会觉得手有点酸；拿一天，恐怕谁都受不了。’

“当时我并没有领会她说的这番话，也就默不作声，没有接茬。没想到，她像朋友一样，敞开了心扉，跟我讲了她的许多经历，安慰我说：‘你已经折磨自己两个月了，再这么下去，你的精神压力就会变成那杯端在手里的水，越来越沉，把你压垮。况且，今年的成绩不满意，还可以重新来过，我相信你，也愿意帮你，只要你肯放下心里的包袱。’”

之后，她轻装上阵，报了一家优秀的补习班，卷土重来。在复读的日子，她依然和过去的班主任保持联系，两个人此时已经不太像师生，而更像是相知的朋友。她说：“我很感谢这位良师益友，在我18岁那年，教会了我最重要的一课。”

曾有人说，人生像一只皮箱，需要的时候提起，不需要的时候就要放下。该放下时若不放下，就像拖着重重的行李，不得自在。放下，简简单单的两个字，蕴含着无限的深意，置身于万花筒般的世界，要真正做到放下，谈何容易？

相传，佛陀在世之际，一位黑指婆罗门来到佛的面前，手拿两只花瓶前来献礼。

佛陀对黑指婆罗门说：“放下！”黑指婆罗门听后，把左手的花瓶放到地上。

接着，佛陀又说：“放下！”这次，黑指婆罗门又将右手的花瓶放下。

不料，佛陀还是重复那一句：“放下！”

黑指婆罗门不免困惑了，说道：“我已经两手空空，没什么可放下了，您要我放下什么？”

佛陀说：“我没有让你放下手里的花瓶，我要你放下的，是你的六根、六尘和六识。你把这些统统都放下的时候，就会从生死的桎梏中解脱出来。”

不只是失去的东西需要放下，人生中的酸甜苦辣、成败得失、恩怨是非，都需要适时地放下。紧抓着不放，就如同套上了无形的枷锁，让人心力交瘁。女人最强大的时候，并非是咬着牙坚持的时候，而是微笑着放下的时候。

商场如战场，好端端的公司，说解散就解散了。那段日子，陈小姐精神状态很差，四处求医。这家公司是她一手经营起来的，之前每天忙忙碌碌，大事小事都由她操办着，日子过得也挺充实。

公司歇业后，债务暂且不说，最让她难过的是，似乎找不到自己的价值了。好强的心还在，却没有用武之地，想着昨天还在公司里跟下属们商议决策，安排工作，一眨眼的工夫，一切都变了，沮丧和落寞不可言喻。

丈夫劝慰她说：“要试着接受现在的生活，也要试着放平心态。不要总想着，辛苦打拼的一切都付之东流了。其实，这就是人生的一段经历，走到这个阶段，无论好与坏，都该放下。心里始终装着它，也于事无补，改变不了现状，还可能把现在的生活搞得一团糟。”

之后，丈夫开始陪着她四处散心，结识新朋友。虽然现在的她还并未从失败的阴影里彻底走出来，可至少她每天能睡个安稳觉，已经放下了许多解不开的纠结。偶尔，她会笑着说：“当我选择腾空双手，还有谁能够从我手中夺走什么？人在哀叹生活和命运的时候，总是忽略了最重要的两个字——放下。”

其实，功名利禄都是过眼云烟，能陪伴我们到终点的人和事，寥寥无几；而我们真正需要的东西，也是屈指可数。人生是一段接着一段的路，走过了一段风景，无论好坏，都要收拾好心情继续下一段行程。既是过客，就要携一颗从容淡泊的心，走过山重水复的流年，笑看风尘起落的人间。心若想得开，一切云淡风轻；心若放得下，一切安然无恙。

**心若想得开，一切云淡风轻；心若放得下，一切安然无恙。**

## 美好或残缺，都留给曾经

人生，犹如一场奇幻的旅行，时而，会有火红耀眼的光芒，把人推向璀璨的巅峰；时而，又像是陷入了寒冷的冰川，让人感觉冷暗萧条。若论哪一种经历才算得上精彩，并无定论，因为生活全在于经历，所有的经历在迟暮之年回首时，都会变成一种财富。

然而，女人有一种与生俱来的敏感特质，思绪往往会停留在某一片刻，乐意享受美好，遇到残缺和痛苦就容易被牵绊。殊不知，如果放开这一切，随性而活，能在美好与残缺之间做到泰然自若，那么人生随时都可以是一幅耀眼的篇章。

辛迪是某国际航空公司的空姐，身材面容虽算不上完美，走在人群中却也是一抹风景，身边的追求者络绎不绝，她却始终单身，称那些都不是自己想要的人。有人说她高傲、眼光高，对此她只是笑笑，很少理会。

一次偶然的机会，她在飞机上认识了事业有成的他。没想到，两个人竟一见钟情了，这种在电影里时常会上演的情景，在现实中出现了。很快，他们就走进了婚姻的殿堂。他们的花园婚礼很清新、很别致，阳光穿过她的头纱，她在众人的祝福中走向了他，很美。

这场婚礼，打动了在场的许多友人。新娘是漂亮的空姐，新郎是名利双收的青年才俊，这样的组合像极了韩版的偶像剧。不少同龄的女子都向她投去了羡慕的眼光，说她嫁了一个好男人，实在是好运气；不少同龄的男子也纷纷跟他开玩笑，说他有福气，娶了一个温柔漂亮又会赚钱的妻子。面对友人们“酸溜溜”的调侃，她表现得很平静，因为她知道，婚姻和幸福不是一场盛大的婚礼，也不是一闪而过的烟花，只为一时的绚烂，今后的路，还很长。

婚后的她，工作依然繁忙，但她还是尽量做一个合格的妻子。稍有空闲，她会为他煲汤，调理身体；为他放好洗澡水，帮他洗衣服，打理文件，做好她该做的一切。一周年纪念那天，他送了她一辆车。面对这份厚礼，她的朋友和同事似乎比她更兴奋，可她的心思并不在礼物上，她隐约觉得，他已经不是从前的他了。因为工作原因，她无法经常陪伴在他身边，而他对她的新鲜感，也已经丧失了。

结婚两年零三个月，她提出了离婚。这段曾经轰轰烈烈、浪漫纯粹、惹得众人眼红的爱情，就这样悄无声息地结束了。一些同事在背后窃窃私语，说她当初就是为了钱结婚的，说他当年就是看上了她的姿色，如今新鲜劲儿过了，就过不下去了。不只是同事，就连曾经给自己送来祝福的朋友，也都成了后知后觉的“聪明人”，说当初没好意思说，她太鲁莽了，不该轻信那个男人，等等。

就如当年在婚礼上被人羡慕、被人捧着的时候一样，面对流言蜚语和无情的打击，她表现得依然很平静，只是平静里还多了一份坚强。她觉得，这场婚姻不是错，当初的选择也没有错，他们彼此深深地爱过，也曾给过彼此最真的心，这比什么都重要。

如今，一切都结束了。无论美好，还是残缺，都是人生的一部分，无法抹去，无法逃避，唯有坦然地接受。与此同时，她更觉得，生活需要向前看，好与不好都留给曾经，未来的路，还要义无反顾地走下去。

生活中有许多东西是可遇而不可求的，就像那一场邂逅的爱情。然而，谁也不能保证一段情能够走多远，一段婚姻能够永远不出现意外。当生活出现意外，甚至要失去某种东西的时候，曾经的荣耀和美好顿时变成了失意和落寞，女人不必太过悲伤。因为，人生能有某种体验就足够了，不完美才是真实的。正如徐志摩所说的那样：“得之我幸，不得我命，如此而已。”不属于你的，永远也不会属于你；你想真正得到你所珍惜的东西，最好顺其自然，如果它微笑着翩然而至，它就会永远属于你；如果它无意降临，你又何必死死抓住不放呢?

真正出色而富有的女人，未必拥有多大的成就，也未必在物质上胜人一筹，但她永远掌控着生命的钥匙，心灵充满了正面的能量。无论外界环境如何变化，她都能保持一颗平和的心，不急不躁，不怨不艾，这是她最难能可贵的修养与气质。就算走到了低谷，也不会露出畏惧生活的神色，更不会变得斤斤计较、悲天悯人。生活对她笑也好，对她露出狰狞的表情也罢，她都会回应一个浅浅的微笑，努力去适应、去改变，不让岁月侵袭那颗自在的心。

看淡美好繁华，看开残缺低谷，这是经历了万千风雨之后的大彻大悟，也是领略了人生的峰回路转之后的空灵，亦是一种幽幽暗暗、反反复复追问之后的抉择。试着让一些事情顺其自然，你会发现你的内心会渐渐晴朗，而思想的负担也会随之减轻许多；也只有这样，才能够成为一个宠辱不惊的坚强女人。

**真正出色而富有的女人，未必拥有多大的成就，也未必在物质上胜人一筹，但她永远掌控着生命的钥匙，心灵充满了正面的能量。**

## 历尽千帆后，纯真依旧

每个女人，都有自己心灵的秘密。为了完成角色的转变，在旅途中奔放，在职场中严谨，在家庭中温柔。每个女人，都会在生活中历练、打磨，让自己的个性变得圆润而富有弹性。但无论何时，女人的个性中都该保留着一样东西，那便是“纯真”。

有些女人喜欢在爱人面前表现出小鸟依人的样子，偶尔也会撒撒娇，表现出自己可爱的一面。她们以为，这样的单纯和天真就是纯真，可以一辈子如此。事实上，纯真，不是单纯，也不是简单的天真，它是一份真实纯粹的情怀，和年龄、经历无关。

太单纯的女人就像一张白纸，未曾经历过风雨，对于很多事情看得不通透，亦不了解。她们也纯真，但这份纯真不一定会持久。也许，就在遭受了某些变故之后，她们会变得不再纯真，甚至会产生自暴自弃的放纵，或是阅尽世事的沧桑。与这样的女人生活在一起，男人会感觉很辛苦，因为生活本就无常，谁也无法预料下一秒是晴天还是暴风骤雨，是晴天还好，她依然可以保持着纯真；若是骤雨，那么男人就要生活在她的喜怒无常之中。

太天真的女人沉浸在童话之中，耽于幻想而不切实际，这一特质依然与年龄、经历无关。许多女人已经为人妻、为人母，却还是天真得不可理喻。她们从来就不知道自己想要什么、需要什么，每天生活在梦想里，唯一能做的、会做的，就是逼迫着身边的爱人，要他帮自己去完成梦想，若一时间难以实现，就感觉自己不幸福，吵闹不已，完全像个不谙世事的孩子。与这样的女人生活在一起，男人会觉得力不从心，甚至感觉不被理解。

纯真的女人在历经很多事后，依然用一颗真诚柔软的心对待生活，对待爱人；依然有一双清澈明亮的眼睛，追随着美丽万物；依然对美好的情感充满向往，而不怨天尤人。她们深知，世间有太多不完美，有太多丑陋和鄙夷，可这与内心深处那份美好的情怀无关。在生活面前，在爱人眼里，她们永远是一个乐观者，却不是无谓地傻笑。她们会与爱人一起，面对伤痛与挫折，打造美好的未来。

筱柔的前半生不堪回首，她上过当、受过伤，有过不堪的经历和破碎的生活。但这一切，并未磨灭她那颗热爱生活的心。即便是在情感处于苦闷、孤独和黑暗中，她依然保持着对爱的信仰。她相信，世界依然美好，人心依然璀璨。

当那些过往彻底成为历史之后，她昂首大步地开始了自己的生活。面对浮躁的物质世界，她洁身自好，不随波逐流。她按照自己的意愿，选择喜欢的事，静静等待对的人。终于，她等来了一个懂她、爱她、珍惜她的人。她从未因为过去的经历变得不再相信爱情，她始终在心里记得一句话：去爱吧，就像从未受到过伤害……

两个人的日子，多了些忙碌，多了些平淡，但她对生活的热爱之心，却让平实的日子多了些许温馨。有她的陪伴，丈夫每天都感觉心情愉悦，纵然有失魂落魄的时候，但她的安慰、她那清澈而美好的眼神，也总能给他以坚定的力量，使他重新起航。

纯真，是一份难能可贵的品质，是足以感染人一生的心情。纯真的女人，带给爱人的永远是轻松和愉快。她们不会因为天真而变得愚蠢，也不会把无知误认为是天真。无知的女人，永远看不到自己的缺点和短处，永远看不见自己的错误，却总是对别人指手画脚。那些认为谁都比自己好，自怨自艾、忧郁苦闷，甚至把爱人也看得一无是处的女人，心里早已没了那份纯真。她们有的，只剩下好高骛远、妄自尊大、目空一切、丧失自我。相信，婚姻里任何一方变成这样，都会对另一方造成巨大的影响，让整个家庭笼罩在压抑的氛围中。

纯真的女人，可以给予男人安全感、放松感。她没有不切实际的梦想，只想踏踏实实地过日子；她不会因为你骑着破旧的摩托车而羞愧，你带她兜风，她会享受那份清凉与幸福；她会变着法子给你做美味的晚餐，而不是天天吵着爱人带她去高档餐厅。纯真的女人，不会给男人太大的压力，不会成为男人的负担，她就像漂泊的港湾，让男人疲惫的心渴望在那里靠岸。

有人问过一位男性朋友："如果选妻子，相貌、身材和性格，你最看重哪一个？"他毫不犹豫地回答："性格。"问及原因，他说："相貌和身材，对于一个女人来说，只是外在，唯有性格，才是内涵。而性格之中，最可贵的莫过于'纯真'，她保持了一种真实、一种本色、一份天性。和这样的女人建立一个家庭，生活在一起，我觉得踏实，也觉得有动力。”

纯情的女人，20岁时可爱，30岁时可观，40岁时可信，50岁时可心。这种天然的流露，高雅的淳朴，如水的纯真情怀，可以抵御岁月的沉沦，在杂乱中发现有序，给自己以宁静，给爱人以心安。

不管从前发生过什么，不管眼下正遭遇什么，都别失去内心的纯真。轻轻地微笑，忠于自己的内心，在跌宕时不忘仍然存在的美好，善待爱人。若你能有这份如水的纯真情怀，纵然走到漫天飞雪的黄昏，你依然能够给自己一抹灿烂的微笑。

**如水的纯真情怀，可以抵御岁月的沉沦，在杂乱中发现有序，给自己以宁静，给爱人以心安。**

# Chapter2

## 安心做自己，活成独一无二的风景

我们曾如此渴望命运的波澜，到最后才发现：人生最曼妙的风景，竟是内心的淡定与从容。我们曾如此期盼外界的认可，到最后才知道：世界是自己的，与他人毫无关系。

——杨绛

# 生活无非是笑笑别人，再被别人笑笑

A是个独立自主的新女性，有一份收入不错的工作，每天光鲜亮丽地出现在职场上。有了孩子之后，她的时间不能再像过去那般自由，婆婆年岁大无法帮忙照看孩子，无奈之下，她只得做出牺牲，放弃了事业，回归家庭。对于这件事，她权衡了许久，虽隐隐有些不甘，可她终究还是爱自己的家。辞职后，周围不少人开始冷嘲热讽："你不是说永远都不会做家庭主妇吗？现在怎么突然想开了……""你老公赚的钱足够养家了，女人何必那么累呢？"听到这些声音，她起初还想解释，可后来觉得，对于不理解自己的人，说什么都是浪费。

B在恋爱的路上走得很辛苦。一直以来，她知道自己的爱只是一厢情愿，那个中意的他，永远不可能跟自己在一起。幸好，还有一个男人对自己不离不弃，周围人都说："女人嫁个爱自己的男人才会幸福。"听得多了，她便信以为真，嫁给了那个爱自己的男人。可是，婚后的日子她更痛苦了，和一个不爱的男人朝夕相处、同床共枕，俨然是一种折磨。

C很喜欢大城市的生活，只是在偌大的城市里奔波，压力实在太大。看着周围的朋友一个个都逃离了北上广，她也动心了。朋友私下笑C傻，说在城市里无依无靠，再怎么打拼也没有未来，除非找个本地人嫁了。无奈之下，C也随着人群回到了家乡。置身于狭小的县城，工作机会少之又少，家里人都只想着赶紧给她说个对象。几经周折，她又回到了城市里，虽看不清楚未来在哪儿，可至少还有一份希望在心头。

女人生来就有一颗敏感的心，活得辛苦，活得不洒脱，不能随心地做自己。在人生决策的岔路口上，总是跟随着别人的思想和话语走，不自觉地改变了自己，有时为了达到别人的某种评判标准，不惜埋没自己内心真实的想法和感受。

想想何必呢？生活就像是一本书，每个人都将用生命填满它的内容，而在那些空白的地方，难免会看到别人的评论。也许，别人的只言片语不过是善意的提点，根本无须多心；就算是恶意的评判，也不必太在意。别人不是你，不知你走过的路、经历的事，所有的评价与指责，也不过是他们个人的一点看法，并非真理。你若太在意，生活必然会输给舆论。别人的闲言碎语，不过一阵空穴来风，刮过去就烟消云散了，而自己却要把幸福赌在这一时的言语中。

佛家有云：一念放下，万般自在。学佛就是学做人。佛法，就是完成生命觉醒的方法，修行，就是修正自己的行为、思想、见解，不被凡尘玷污。生活如饮水，冷暖自知。女人不必自寻烦恼，只管走自己的路，看自己的风景，明白自己在做什么，幸福地享受做自己的快乐。

著名的女打击乐独奏家伊芙琳·格兰妮之所以能成功，就是因为她从来不被闲言碎语所左右。伊芙琳·格兰妮从小就喜欢音乐，她坚信自己会成为音乐家，医生却给她下了这样的宣判：她的听力将会在12岁的时候彻底丧失。谁都知道，对于一个音乐家而言，失去听力是多么可怕的事。可她不服输，没有被这样的结论吓倒，一心坚持做自己喜欢的事。

母亲和老师不断地说一些消极的话，劝她别浪费时间。她们总在提醒她，丧失听力的音乐家是很难成功的。伊芙琳·格兰妮不管不顾，坚持着自己的信念，她从没有停止对音乐的追求，昂首阔步地向伦敦著名的皇家音乐学校提出了入学申请。所有人都觉得不可思议，人们议论纷纷，都认为她是痴心妄想。

最终，伊芙琳·格兰妮凭借自己的毅力，颠覆了所有人的看法。她真的成了一名打击乐独奏家，她凭借自己的音乐天赋和不屈服的精神，感动了无数音乐爱好者。

女人一定不要把闲言碎语当成自己生活的准则，要听从自己内心的声音，这样才能到达成功的尽头、幸福的彼岸。正如伊芙琳·格兰妮所说："最初时我就已经决定了，一定要实现自己的梦想，不被任何人的意见左右。"

一花一世界，一叶一菩提。每个女人的内心都有自己所憧憬的生活，以及对人生的不同感悟。最终能够如愿以偿成为理想中的自己、过上理想生活的女人，无疑都肯听从自己内心的声音，跟随来自灵魂深处的呼唤。她们总是能够坚守阵地，无论别人用什么世俗的眼光来看待自己，无论是否有人欣赏，总能自信满满、精神饱满、魅力无限，用事实征服别人，用幸福关爱自己。

做一个坦然而独立的女人吧！走自己的路，看自己的风景，别和那些闲言碎语计较。因为只有自己，才是自己的主人。不盲目听信别人的言论，不被他人左右自己的人生，凡事不随大流，敢于逆水行舟，不惧怕别人的嘲讽，毅然决然地走自己的路。

做一个幸福而淡定的女人吧！笑对人生，不卑不亢，不骄不躁，不温不火，勇敢地迎接别人的流言蜚语，淡然处之，泰然对之。在别人或冷或暖的目光中，勇敢地做自己，独一无二，无可替代。面对闲言碎语，骄傲地抬起头，微笑着告诉自己：我就是我，颜色不一样的烟火。

**女人不必自寻烦恼，只管走自己的路，看自己的风景，明白自己在做什么，幸福地享受做自己的快乐。**

# 亲爱的，做你自己就好了

在这个越来越浮华的世界里，女人脆弱而凌乱的心仿佛只有得到他人的认可，才能收获平静和安宁，才会显得不那么孤单，否则，整个人都会陷入一种焦躁的状态中。于是，为了取悦别人，为了得到赞美和羡慕，许多事情明明不情愿去做，却又无可奈何地选择了妥协。

事实上，取悦他人的女人，内心深处都不太相信自己，对于自身的定位，对于事情的评判，没有自己的标准，丧失了主动的意义和心灵的自由。不过，这种取悦的结果，并不见得能够讨好到谁，反倒是给人一种卑微、懦弱的感觉。最终，千般讨好、万般忍耐，却落得不被重视的结局，徒增烦恼。

曾有个漂亮的女人，认为自己的舞姿倾国倾城。许多年来，她四处表演，试图得到他人的认可，可惜的是，围观的人不少，夸赞的人并不多。她思来索去，不知何故。

一天，她遇见一位禅师，便向禅师诉说了自己的苦恼。禅师笑笑，指着窗外的一株植物对她说：“你看，那是什么花？”女人看后对禅师讲：“那是夜来香。”

禅师说：“它只在晚上才会开放，所以叫夜来香。那你是否知道，夜来香为何只在晚上开放，而白天却不开花呢？”女人愣住，摇了摇头。

禅师笑着说：“夜晚开花，只是为了取悦自己！”见眼前的女人不作声，禅师接着说：“白天开放的花，只是为了引人注目，取悦别人。而这夜来香，在无人欣赏的情况下，依然努力盛开，芳香四溢，其实只是为了让自己快乐，它只是在做好自己而已。”

禅师看了看已经有所领悟的女人，笑着说：“许多人总是把幸福的钥匙交给别人，所做的一切都只是为了取悦别人，其实这样毫无意义。不管什么时候，都要记得做自己的主角，走好自己脚下的路，欣赏自己身边的风景。”

一味地将别人当作自己生活的主角，生活的基调也就不是自己所喜欢、所向往的了。女人在取悦别人的同时，灵魂里的声音被压抑，不敢成为真实的自己，说什么、做什么都像是戴着面具，浑身不自在，付出的代价也可想而知，留下遗憾也在所难免。与此同时，总是想着取悦别人，而不从内在修炼自己、强大自己，整个人只会变得越来越卑微、越来越浅薄。

有个女孩自幼跟随父亲经商，见过各种各样的大场面。一开始，她希望别人都喜欢她，也希望自己出类拔萃，得到别人的关注。可后来她发现，世界上人们性格各异，没有办法一个一个去讨好。而且，无论她怎么取悦，总是顾此失彼，弄得筋疲力尽。她很苦恼，感觉自己渺小得一文不值，不明白为什么自己这么努力还是无法得到别人的认可。

精明的父亲自然看出了女儿的心思，他告诉女儿："取悦别人并不能让自己得到尊重。真正的优秀，是尽自己所能，活出最大的价值，给别人欣赏自己的机会。"父亲教她如何打高尔夫球，如何评鉴美酒，告诉她如何做个有品位的人。业余时间，她还学会了摄影，学会了舞蹈，把自己最美好的一面展示出来。与此同时，她还了解投资和理财，学着经营事业。多年后的她，成了一个美丽与智慧并存的女人。这份内在的修养，使她赢得了许多人的赞赏与羡慕。

与其浪费时间在别人身上，获得一时的好处，不如给自己制订完美的计划，一步一个脚印，走到自己期望的地方去。取悦只是一时的，而活得快乐却是自己的。与其等待别人"赏赐"幸福，不如自己创造，释放自己，让心灵自由，这才不失为一种莫大的幸福。

也许，偶尔你可能会被孤立、会被误解，但那都无妨，只要你活出了真正的自己，那就是值得的。因为在这个世界上，没有一个人可以做到让所有人都满意，压抑一两次内心的想法没什么，可是压抑一辈子实在太委屈。人生短短几十载，何不做一个自由自在的人，听从自己的想法，快乐一生呢？要相信：当你成为大海时，百川自会汇聚；当你成为盛开之花时，蝴蝶自会飞来。

**与其等待别人"赏赐"幸福，不如自己创造，释放自己，让心灵自由，这才不失为一种莫大的幸福。**

## 幸运的女人，其实都很有心

一个喜欢怨怼的女人，某天夜里遇到了天使。天使对女人说："很快将有好事降临在你身上了，你有机会得到大量的财富，嫁给一个如意郎君。"

女人终其一生都在等待这个奇迹，可直到生命结束，也未曾等到。她在穷困与孤独中度过了一生，心里满是哀怨和愤怒。

死后，她去了天堂，并再次遇到了那个天使。她一脸不满，语气中夹杂着埋怨，对天使说道："你说过，会给我财富，会让我嫁得如意郎君。我等了一辈子，什么也没得到。"

天使回答："我没有说过那种人，我只承诺过要给你机会得到财富，并嫁得如意郎君。可是，你让这些从你身边溜走了，我也无能为力。"

女人百思不得其解："我不明白你的意思。"

天使问："曾有一次，你想到了一个不错的点子，可惜因为怯懦，你放弃了。几年后，这个点子被另外一个女人获得，她无所畏惧地尝试了。你可能记得那个人，她后来成了你们城里最富有的女人。还有，你记不记得一个鼻梁挺拔、身材高大的男士，你曾经非常强烈地被他吸引，你从来不曾那样喜欢过一个人，之后也没有再碰到过像他那样令你心动的人。可是，你觉得他不可能会喜欢你，也不可能会跟你结婚，因为自卑，你错过了。其实，他本来应该是你的爱人，你们会有几个可爱的孩子，跟他在一起，你的人生将会有许多快乐。”

女人听完天使的话，眼里含着泪。一直以来，她都认为天使欺骗了自己，生活亏欠了自己，此刻才知道，路是自己走出来的，怨不得任何人。

生活，不会是一番坦途，但亦不会是绝境；它不会亏欠任何人，但会略偏爱那些有心的人。

她曾是身无分文的农村姑娘，如今已是腰缠万贯的成功女性。23岁的她，只用了短短3年的时间，就让人生实现了如此大的跨越。

时间拉回到3年前，那时的她，正在一户人家做保姆。偶然的一个机会，女主人让她陪着自己去参加一个楼盘的开盘活动。当时，售楼处挤满了人，售楼小姐带大家参观样板房时，不知道是谁撞翻了客厅墙角的花盆架，不偏不倚正好砸在电视机上，一下子把屏幕砸碎了。看房的人们面面相觑，纷纷推卸责任，都说不知道怎么回事。售楼小姐望着狼藉一片的场景，急得快哭了。

回来的路上，她的脑子里一直想着刚刚发生的事。途经一家玩具店时，她突发奇想：能不能像玩具模型那样，用一种塑料的仿真家电来代替实物呢？这样的话，开发商不仅可以降低成本，挪动起来还很方便，且不怕摔不怕碰。

她把自己的想法告诉了女主人，没想到，女主人非常赞同她的想发，还表示愿意为她的创意投资。欣喜若狂的同时，她心里也有些许顾虑：自己只是一个小保姆，做这样的事会不会让人嘲笑？她把心思怯怯地说给女主人，女主人非常平静，诚恳地对她说了一句令她没齿难忘的话："这个世界上，没有谁生来平庸。"

在女主人的倾力支持下，她开始着手联系生产厂家，拿着自己产品的照片到各个楼盘去做推销，还热情地带领房地产公司的负责人来参观自己设计的家电模型。因为一套家电模型的成本，不及实物成本的十分之一，且比实物看起来更美观耐用，她的产品备受客户的青睐，首批生产的几十套产品，很快就销售一空。

初次尝试就取得了成功，这给了她莫大的信心。之后，大到沙发、衣柜、书柜、电脑桌，小到厨具、餐具、摆设，她的模型公司都开始进行生产。有一段时间，产品竟然出现了供不应求的局面。不到一年的时间，她的公司就迅速发展起来，积聚起上百万的资产。

当年那个怯怯的农村小姑娘，而今成了一家大公司的老总。有人说，她运气实在好，做保姆时遇到了好的雇主。可见证了那段历程的人知道，她的今天，绝非全都仰仗运气的青睐，更多的是她自身努力的结果。当初，在售楼处看房的人拥挤不堪，打碎电视机时推卸责任的人不在少数，而后真正用心去思考这件事，并从中发现机会的人，却寥寥无几。

这个世界不是有权人的世界，也不是有钱人的世界，而是有心人的世界。

有本书叫作《世界再亏欠你，也要敢于拥抱幸福》，里面如是写道："无论世界如何对待你，你依然有一种选择。人始终有一种自由，就是应对不自由的自由。你认为世界亏欠了你，于是始终闷闷不乐，那么不仅世界亏欠了你，你也亏欠了自己，因为你放弃了选择的自由，任由生活的境遇来控制自己，最终这样的态度也不可能改变自己的境遇，抱怨、放弃甚至绝望只能让人坐以待毙。"

其实，许多看似得到命运恩宠的女人，也许一开始都不过是平平庸庸的一分子，只是她们不抱怨生活，不畏惧生活，而是每分每秒都在用心生活，留意那些转瞬即逝的机会。所以，别再说生活亏欠了你，当你足够用心、足够努力的时候，生命才有逆转的可能。

**这个世界不是有权人的世界，也不是有钱人的世界，而是有心人的世界。**

## 你那么好，你自己却不知道

女人爱美，目光总是追随着美好的事物，若是将这份欣赏美的态度置于自己身上，那必然会活出一份自信和洒脱；怕就怕，只关注别人拥有而自己无法企及的美好，把自己的价值压得低低的，在心里种下自卑的种子。

站在烦恼里仰望生活的女人，永远与幸福绝缘。消极和自卑如同一张巨大的网，笼罩了生活里的每一个角落，促发心理暗示，抑制自身的信心，限制内在的潜能，加深自卑的凝结，恶性循环。女人看着不满意的自己、不满意的生活，免不了一声叹息。

罗丹曾说过，生活中并不缺少美，而是缺少发现美的眼睛。自卑的女人，并非真的一无是处，只是她们尚未把目光投射在自身的优势与能力上。而那些有所成就、充满魅力的女人，通常都有一点点“自恋”，无论是在人前还是人后，她们都会适度地自我欣赏、自我陶醉。这样的女人是愉悦的，是幸福的。她们充分享受自信带来的阳光，用外在的装扮和内在的丰盈，给自己注入无限的美丽。这种美，经得起时光的雕琢和岁月的打磨，美得让人心悦诚服。

英国大提琴家杰奎琳·杜普蕾非常欣赏自己的音乐和人格，她的自信在音乐里飘扬，不会为了任何人而改变，也不会因为世俗的眼光而有所动摇，更不因为外界的妄加揣测而改变自己的信念。像杜普蕾那样活得精彩绝伦，生命和美丽自然会不朽。纵使岁月荏苒、光阴不再，她也能够给自己一片天空，留给人们无尽的怀念与惊叹。

筱梦曾是一所名牌大学计算机专业的学生，毕业后在一家私营的小公司里做了一名文件管理员，拿着微薄的薪资。其实，她并不甘心一直如此，只是迫于生活的压力，才让自己暂时降低了标准。一年之后，她有了一定的物质保障，也有了些许工作经验，便离开那家公司，开始寻觅自己中意的工作。

可她心里并不太自信，每次与人谈到自己的工作经历时，她的眼神飘忽不定，与人说话声音微乎其微，担心别人嘲笑自己矮小的个子、微胖的身材。由于不自信，她给人的第一印象极差。纵然她有一身的才华和能力，却也没能得到展示的机会。自卑深深扎根在她心里，她知道这样不好，只是没有勇气去克服。看着周围的朋友有所长进，筱梦心里既羡慕又烦恼，暗自伤神。

在一次面试的实操环节，考官安排应聘者做同一项资料的整理工作。筱梦在接过考官递来的资料时，并未敢与对方四目相对。考核的结果，她的工作能力得到了考官的认可。当时，考官语重心长地对筱梦说了这样一番话："从面试之初，我就留意到你是个有心的女孩。这次的实操考核，任务很烦琐，你整理归纳得有条有理，且做了详细的分析。对于你的工作能力，我确实很欣赏，如果你能再自信一点，那就更好了。希望在以后的工作里，能看到你的蜕变和进步，加油吧。”

向来自卑、怯懦的筱梦，顿时感觉身体里的血液在沸腾。她没想到，自己竟然真的脱颖而出，被自己心仪的公司录用了。其实，自己的工作能力一直都不差，只是因为外貌的原因，太过于自卑了。她决定，要换一种方式来生活。

此后的她，每天早起都会对着镜子露出一抹微笑，对自己说：“你不差，你很棒。”在工作中，遇到问题她不再退缩，不怕被同事嘲笑，大大方方地向人请教，这让她进步飞快。一旦公司有什么大型的活动，她都会主动报名参加，为的是锻炼自己的胆量和勇气。

两年之后，筱梦已经脱胎换骨，成了一位干练而优秀的职场女达人。她不会再在任何人面前羞怯地低着头，也不会再躲避任何人的目光，她那么坦然，那么自信，让人不禁开始欣赏她独特的魅力。当有人问及她的“成功”秘诀，筱梦笑笑说：“接纳自己，欣赏自己，将所有的自卑全都抛到九霄云外。这就是我的‘秘密’！”

生活像是一杯开水，你注入自信，它就变成了高贵的葡萄酒；你注入自卑，它就变得混浊。不要对别人的自恋嗤之以鼻，殊不知，相较自卑而言，自恋有时也是增加幸福度的方式。特别是女人，更要懂得发现自己的美，正确地认识自己，理智地总结归纳，提高对自己的评价。

金无足赤，人无完人，女人不是因为美貌而可爱，而是因为可爱而美丽。如果你因为自己脸上有瑕疵而不敢露出灿烂的微笑；如果你因为手指不够修长而不肯与别人真诚地握手；如果你因为身材不佳而不敢翩翩起舞，那么你就会错过鲜花和掌声。阳光从来都在，只是你一直背对着它，才会看到阴影。内心充满了自信，不完美的生活也会闪闪发光。

每个女人都有权利彰显自己的美丽，甚至可以有一点点自恋，那是在为自己制造美好的氛围，让自己拨开乌云欣赏自己的美，塑造一种与众不同的态度。自恋的小情绪，也是一个自我鼓励的加油站，让女人对自己充满希望，走出狭小的视野里，告别自怨自艾。

当你感叹外表平凡时，请记得为自己营造一份快乐的心情，修炼一份丰盈的内在，在举手投足间绽放从容优雅的姿态，在言谈之中显露内在丰富的魅力人格，让自己独特的气质和睿智的思想在那些漂亮女人中间熠熠生辉。这种不断进取、不断完善的行为，以及欣赏自我的姿态，是对生活的热爱、对美好的向往、对幸福的追求。

记住：风景不只是远处的好，美丽也不总是她人的。找到自己的闪光点，走出自己的一条美丽之路，领略自己的独特风景，活出轻松和自在，不被外界迷惑，不被自己打败。只有懂得欣赏自我的女人，才能得到上帝的眷顾。

**女人，更要懂得发现自己的美，正确地认识自己，理智地总结归纳，提高对自己的评价。**

## 不要用别人的优越折磨自己

多年前，一首名为《不要变》的歌中唱道："不多看，不多听，只认定这份感情……"现如今，置身于浮躁气息日益渐浓的环境里，或许，我们该把这首歌的词句换一下，不多看，不多听，只认定自己的幸福。

说来容易做来难。生活中的比较，似乎处处都在，不管是主动的还是被动的。有时，只要内心有那么一丝一毫的不淡定，就会扰乱平静的生活和幸福的步调。

一场同学聚会之后，安娜心里很不舒服。那个曾经很不起眼的女生，如今竟成了一家外企的中层，全然不是当年丑小鸭的模样，一套看起来很有型的裙装，一只精致的手包，着实让人刮目相看；那个当年长得不怎么样的胖丫头，竟嫁了一位大款，聚会结束的时候，安娜还准备去车站坐车，人家却大摇大摆地坐上奔驰扬长而去……回家的路上，安娜想起平庸的丈夫、平凡的日子，顿时觉得很委屈，一股不幸福的寒潮从她心头涌过。这种感觉，足足持续了半个月之久。

直到有一天，某女伴从外地过来办事，顺道去看望安娜。吃饭的时候，女伴突然心生感慨，对安娜说：“别人都觉得我是女强人，事业不错，活得也挺潇洒，其实，我心里挺羡慕你的，有个一心一意对你的人，晚上回家的时候给你做好饭，烦了的时候给你当‘出气筒’，累了的时候说两句安慰的话。”

《牛津格言》中有这样一句话：“如果我们仅仅想获得幸福，那很容易实现。若我们希望比别人更幸福，就会感到很难实现，因为我们对于别人的幸福的想象总是超过实际情形。”其实，幸福不过是两个字，只有感觉到自己的“幸”，才能有“福”。安娜原本已经拥有了很多弥足珍贵的东西，只不过她把所有的目光都仰望着别人的生活，心里挤满了负累，自然就无法感受自己的幸福了。换而言之，并非生活让她不幸福，而是她不知该怎样生活。

世间万象，本来就没有绝对的对与错、好与坏。生活之路，每个女人都有自己的走法；对于价值的定义，也有自己的评判标准，或许大相径庭，或许殊途同归。但只要记住：幸福悄悄地围绕着每一个人，每个人享有幸福的机会是相同的，不同的只是对幸福的感悟。如果能怀着一颗平常心，安然地走自己的路，就很可能与幸福不期而遇。

还记得那则有关心安草的故事吗?

国王独自到花园中散步，却发现满园春色变成了一片荒凉，花园里所有的植物都枯萎了。随从告诉国王：橡树因为自己没有松树高大挺拔，轻生了；松树因为自己没有像葡萄一样可以结果的能力，也厌世而去了；葡萄羡慕桃树能开出美丽的花朵，而自己不能，也抑郁而终了；剩下的那些植物每天都无精打采的，唯一还存活的就是心安草。

国王走到心安草的旁边，问："心安草，你身边的植物都枯萎了，为何你还如此乐观呢？"

小草说："国王陛下，我一点都不难过。因为我知道，您需要什么果树、鲜花都会派人去种植，我还知道你希望于我的就是让我做一棵心安草。"

花园中之所以变得一片荒凉，不是天公不作美，也不是园丁没有辛勤地打理，而是那些花草树木都陷入了烦恼的旋涡，它们满眼看到的都是他人身上的长处，而忽略了自己的美丽。小小的心安草，不羡慕松树的挺拔，也不羡慕丁香的芬芳，只是心安理得地做一株小草，所以它没有烦恼、没有忧愁。其实，人生也如此。你觉得幸福了，那就是幸福的；如果你觉得不幸了，那就是不幸福的。幸与不幸并不关乎环境，而关乎自己的心。

生活的差别无处不在，女人应当换一种思维模式来对待生活，不要用自己的弱项、劣势和人家的强项、优势进行比较，这样只会令自己身心疲惫；适当的时候俯下身去，把眼光放得低一点，多往下比一比，生活就会多一分满足，多一分快乐。即使要比，在比较过后也要心平气和地去看待问题、解决问题，而不是拿别人的优越折磨自己。

要知道，那些真正拥有"幸福能力"的女人，永远只看重自己拥有的生活，从不羡慕别人拥有的奢华。当看到别人拥有了自己没有

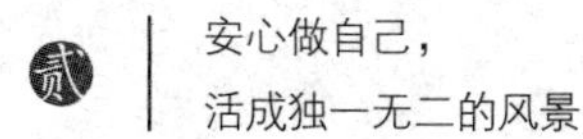


的东西时，亦不会去攀比、去抱怨，而是悄悄地在心里告诉自己：“其实，我也很好。”就在那一刻，她们往往会发现，其实自己真的很好。

**幸福悄悄地围绕着每一个人，每个人享有幸福的机会是相同的，不同的只是对幸福的感悟。**

## 静静地，绽放自己的光华

仙人掌浑身都是刺，模样也不漂亮，鲜少被人所喜欢。在人们轻视的目光下，仙人掌有些承受不住了，它觉得自己根本就没有资格与人类在一起生活，于是悄悄地离开了人群，悲伤地躲进罕无人迹的热带沙漠。在沙漠里，它与残酷的环境做着斗争，渐渐地适应了那里的气候，并安心地住了下来。当其他杂草纷纷逃离沙漠的时候，它依然不肯离去。

和仙人掌一样，浑身长满刺的还有玫瑰，可它并不厌恶这一身刺，反倒觉得这是自己的独特之处，是一种凛然而不可侵犯的美丽。最初，人们对玫瑰的态度也是冷冷淡淡，并没有加以追捧，总觉得牡丹才是花中之王，大气富贵。玫瑰不介意，也没有怨恨自己的刺，而是努力寻找隐藏在自己身上的特殊之美。

后来，有人惊讶地发现，玫瑰的X线片上其实是没有刺的。或许，是因为它知道外表对自己而言并不是全部，所以当别人说它的香气太浓郁、抱怨它长满刺而不敢靠近的时候，它没有暗自神伤和绝望，而是变得更加坚强，静静地绽放自己的光芒。

女人要成为更好的自己，就不能像仙人掌那样一味地逃避，不肯接受眼下平庸的自己；而要像玫瑰那样，身上长满刺却依然傲立于花丛，要学会利用自己的特点，找寻自己的独特美丽，这才是女人应有的生命姿态。

刚进入公司时，她坐在最不起眼的角落里，几乎没什么人在意她。确实，论姿色和能力，她都不是最出众的，只是每天按时上下班，本本分分地做好自己的事，不多言不多语。若有同事遇到麻烦，她也会默默地帮忙，但从不张扬。

影视公司的女同事占据了大多数，凑在一起少不了窃窃私语，聊聊最流行的服饰，说说哪个品牌的化妆品最好用，八卦一下谁又嫁了有钱的男人。闲来无事时，她也会“旁听”一下，却很少插嘴。

女人的世界里，有比较就会有心理失衡，有些年轻女孩会抱怨自己买不起高档护肤品，有些已婚女人则抱怨自己老公赚得太少，而她，似乎从来没有为这些事烦恼过。打开衣橱，几套简单却很有品质的基本款衣服，穿了几年却依然不过时；护肤品不是什么国际大品牌，但都是最适合自己皮肤的，每天晚上，她都敷面膜，东西不贵，贵在坚持。所以，与那些在脸上花费上万元的女同事相比，她的皮肤也不差。

或许，正是因为她为人处世一直很平和，也很少出风头，在女同事眼里，她是很好相处的那一类型，大家也极少拿她开玩笑，或者在背后议论她什么。

公司因业务拓展，需要从内部提升一位女同事做助理，到新加坡总部学习一个月。对于这个难得的机会，公司上下的女人们都在蠢蠢欲动，尤其是那些漂亮、爱出风头的女子，恨不得用尽浑身解数在竞选中胜出。那段日子，办公室里表面上风平浪静，实则暗潮汹涌，人与人之间都多了一点隔阂和防备。

她则依旧是老样子，不慌不忙。若不是公司要求办公室里的全体职员都参加竞选，她宁愿放弃这个机会。倒也不是不求上进，而是看到别人私下里为了拉票百般地讨好他人，实在是觉得痛苦。当有人找到她，求她支持时，她莞尔一笑，不答应也不拒绝。这种淡淡的态度，加之平日里低调的言行，没有谁拿她当竞争对手，这也在无形中让她避开了许多麻烦。

待到竞选那天，许多同事盛装出席，展示个人魅力和能力。她还是往日里的那一套衣服，不卑不亢地把自己对于助理职务的看法阐述了一遍，并对外出学习考察的计划以及目的、效用做了一份报告。她没有刻意哗众取宠的装扮和展示，却在艳丽的人群中发出了一抹淡淡的幽香，她的沉稳和淡定，让领导层们刮目相看。

最后的结果，令许多人意外：她获得了助理的职位。当领导宣布这一消息时，她也有些受宠若惊，似乎有点“无心插柳柳成荫”的意思。随之而来的，自然是闲言碎语，有人质疑她的能力，有人质疑她的品行，说她肯定是在背后用了什么手段才脱颖而出……总之，各种难听的话，如雨后春笋一般涌了出来。

她不去理会那些闲话，就像过去一样，安心地做着自己该做的事。这种不慌不躁的姿态，着实让那些对她颇有微词的人感到意外。从新加坡总部归来后，她学到了不少东西，领导对她也更为赏识。她呢？还是过去那般亲和，没有一点架子，平和地与同事相处，穿着打扮依旧简单大方，除了工作上比以前忙碌一些，似乎一切都没有变。

半年后，所有关于她的流言蜚语都消失了。她用自己的工作能力、平和沉稳的姿态，赢得了所有同事的信服。与此同时，她也在不攀不比中，安静地绽放了自己的光华。

冬日里的腊梅，在温暖春日百花盛放的时候，从不去争艳；在炎炎夏日莲花散发幽香的时候，从不去斗芬芳；在瑟瑟秋日黄色雏菊笑靥如花的时候，从不去懊恼；在冬雪皑皑百花沉睡的时候，它才傲然自若地开放。凌寒独自开，不争不抢，用平和的姿态傲立雪中，那顽强的生命力、骄傲的姿态，是它独特的美。

女人也该有腊梅的气质，坚信自己的美好，安心地过自己的生活。你若不是牡丹，就不必追求娇艳；你若不是蔷薇，就不必象征爱的誓言。你若只是小草，就展现顽强的生命；你若是一棵树，就散发出独立的气息。不与人相争，在安静中，不慌不忙地坚强，绽放芬芳。

**而要像玫瑰那样，身上长满刺却依然傲立于花丛，要学会利用自己的特点，找寻自己的独特美丽，这才是女人应有的生命姿态。**

## 别比较了，没有人比你更重要

孔雀因为夜莺唱歌被大家喜爱而嫉妒，向天神诉苦。天神说：“别忘记了，你的尾巴上有世间最华丽的羽毛，你也是很出色的。”可是孔雀仍然不满足，抱怨道：“夜莺在唱歌方面超过了我，像我这样唱歌，跟哑巴有什么区别？”

天神回答道：“命运之神已经公平地分给你们每一样东西，你有你的美丽，老鹰有它的力量，夜莺有它的歌声，这些鸟，都是独特的，你也一样，有什么不满足的呢？”

浮华总是迷惑人，虚荣也会害人。幸福是个比较级，你越是往上看，幸福就越遥远。事事与人攀比，把幸福的标准建立在与别人的比较中，生活只剩下不满足和遗憾。若是玫瑰，娇媚鲜艳，就不要和玉兰比清香淡雅，只要安然享受热情与浪漫就好，不必抱怨自己长着刺；若是小溪，涓涓细流，就不要和大海比宽广辽阔，只要静静享受流淌的惬意从容就好，不必抱怨自己默默无闻。

女人要保养心灵，就得学会清空内在的垃圾，把那些琐碎的、无聊的东西驱逐出去，才有空间容纳幸福和喜悦。不刻意追求完美，就会远离痛苦，靠近幸福。知足才能常乐，不让自己在羡慕嫉妒恨而又得不到的煎熬中，丧失原有的一切。

每个女人都是一道不可多得的风景线，爱自己的女人总是乐在其中，不会盲目攀比，也不会委曲求全。她们知道，与其羡慕别人的光明，倒不如点亮自己的蜡烛；与其在别人的阴影之下自怨自艾，倒不如打开心灵享受清新和喜悦。

26岁的李玲在一家广告公司上班，看着时尚的女同事们在眼前踱来踱去，她也忍不住想让自己加入其中。那天，同事做了一双漂亮的美甲，身在女人圈子里，赞美声免不了要进到她的耳朵里去。李玲坐不住了，嫉妒心在渐渐滋长。她看着镜子里的自己，素面朝天，装扮简单，虽然偶尔也被人夸赞清爽，可是浓艳的美女似乎更容易吸引人的眼球。

李玲的工资不是很高，为了浇熄那份嫉妒，她还是不惜花费一些大数目来买一些看起来很上档次的东西。虽然外表上看，的确是焕然一新，可她却觉得很不自在，在别人惊艳的目光里，她好像丢了自己。几个月后，她又换回了素颜的自己，看起来又干净又舒服。

这时，李玲恍然大悟：女人不用跟随别人的脚步走。自己本是素雅的气质，却硬要打扮得光鲜耀人，扭曲了原有的真实，白白在扭曲的生活里承受煎熬。无论做人，还是生活，都不需要太过刻意，只需简简单单，做好最真的自己，过自己的生活，就已经足够。

心不同，选择不同，结局不同。生活像一杯清澈的水，贫穷富有、高贵卑微、权威名利，不过都是一剂又一剂的调味品。有些女人贪图刺激，用奢华和欲望把白水熬成了苦药；有些女人独爱苦中作乐，用阅历把生活冲成咖啡；有些女人偏爱清淡，只愿细品绿茶的清香；有些女人简单清爽，只爱原汁原味的白水。

世间那些幸福的女人，永远知道自己想要什么，更知道幸福的标准不是唯一的。她们从不会盲目和谁去比较，玫瑰就是玫瑰，无须再争，本身就已很美。把目光从别人身上转移开来，做最好的自己，留下最美丽的风景给别人欣赏，用不着一味地追逐别人的美丽，压抑自己的真实。在这浮躁的世界里，保持自己的本色，看到属于自己的美好，是一种智慧。

要戒除攀比的心，就要多看看自己走过的路，多想想自己拥有的东西。与人比较，永远无法平衡，不如潜下心来，思索一下那些让自己感到欣慰的事，那些日渐美好的收获，那些不起眼却不可或缺的东西。生活在感恩之中，才能感受到生活的多彩，才能活得坦然，活出幸福。

除此之外，女人还要学会对自己宽心。当一个女人对自己的状况心安理得、轻松自如，她就不会去在意别人怎么样。无论何时，无论何境，别人都会有与你不同的东西，去你没有去过的地方，拥有比你梦想还要多的财产，可这与你何干呢？努力做好自己，比什么都重要，这也是最切实际的事。

库拉尼曾经说过："模仿、抄袭、效仿别人暴露出一种恨自己的倾向。"

模仿别人，嫉妒别人，与别人攀比，就证明你在否定自己。回头想想，如果对自己的感觉都不好，那还有什么能让你感觉好呢？纵然攀比之后，你努力争取到了，那也不过是为了比较而达到了目的，得到的并非内心真正的满足。记住：没有人比你更重要。别去比较了，你若是玫瑰，就好好欣赏这份带刺的美。

**与其羡慕别人的光明，倒不如点亮自己的蜡烛；与其在别人的阴影之下自怨自艾，倒不如打开心灵享受清新和喜悦。**

## 用心品味，真正的幸福双目难见

世间的女人风情万种，或娇柔妩媚，或温柔文静，或大气端庄，如繁花般装点着这个世界。女人内心柔软而细腻，感性而又多情，即便是包着女强人外衣的职场“白骨精”，在夜深人静的时候，也会是个感性娇柔的小女人，憧憬着自己的幸福。女人就如同虔诚的朝圣者，对幸福拥有着孜孜不倦的追求热情。然而，究竟怎样才算得上幸福?

莎士比亚曾经说过，1000个人心中会有1000个哈姆雷特，对幸福每个人会有着不同的理解。感性如女人，对幸福又自会有着自己的见地。

有人说幸福是早上玫瑰花瓣上的露珠，伴随着芬芳浓郁的气息，伴随着朝阳微风，晶莹剔透却短暂；有人说幸福是具化在亲人朋友脸上的笑意以及赞许，是人生价值的体现，是幸福的源泉；有人说幸福是冬天里温暖双手的一块烤红薯，简单却能给人恰到好处的温暖；有人说幸福意味着豪宅名车以及华丽的珠宝，是精致的生活以及高贵的姿态。

其实，这不过都是幸福的外相，真正的幸福，是某个时刻你内心的那种或甜如蜜或淡淡的感受，是脸上那止不住的笑意，是用心去感受的点点滴滴。

静茹是个漂亮高挑的女孩子，有一份体面的工作，有个收入不多却对她宽容宠爱的老公。在很多人眼里，她无疑是个幸运的姑娘。

作为普通家庭出身的姑娘，静茹所拥有的这些是令人羡慕的。只是很少有人知道，静茹有着并不愉快的童年。童年的记忆中，母亲总是面色凝重，语气严厉，责怪静茹这次的成绩不佳，抱怨静茹不如院子里的另一个小姑娘聪明伶俐。

大多数时间的静茹，总是畏缩在墙角，不解地看着母亲，内心也抱怨着那个母亲口中的小姑娘。在很长一段时间内，静茹的内心是自卑而胆怯的，不敢在众人面前大声说话。

这样的心理伴随了静茹很多年，直到离开母亲，独自在异地求学，她才渐渐地找到了人生的自信，后来老公的爱和宽容给了她更多的自信和勇气，她慢慢蜕变成了今天这个面若桃花、坚强独立的现代女性。

青儿是静茹大学的好友，毕业后直接嫁了个富二代，过着少奶奶的日子。有空的时候，她总会约静茹一起吃饭、逛街、做美容，在豪华的商场里挥金如土。最初的静茹面对着青儿的阔绰，只是淡淡一笑。时间久了，静茹的内心发生了变化，她开始羡慕起青儿的少奶奶生活，抱怨老公的收入普通。

在一段时间里，和青儿欢聚过回到家的静茹，就开始对老公有了诸多抱怨，抱怨老公在事业上不思进取，抱怨他不懂浪漫，平静的日子里多了些许的摔摔打打。也不知道从何时起，相爱的两个人回家以后开始以沉默面对着彼此，仿佛是一栋房子里的陌生人。

直到有一天，满身伤痕的青儿哭着跑去静茹家，静茹才知道，原来青儿的婚姻生活中有如此多的不和谐。老公虽有钱，却花心，甚至家暴，青儿在婚姻生活中大多数时间是忍受着独守空房的孤独和寂寞。听着青儿哭诉的静茹，坐在自己和老公一起去宜家买回的大沙发上，看着在厨房里为她俩忙碌准备晚餐的老公，想着这段时间老公对自己依旧不变的照顾和宽容，想着童年那个畏缩在墙角的自己，静茹释然了，原来现在的自己一直是如此幸福，拥有着虽平淡却踏实且独一无二的幸福。

清晨总是会有几声清脆的鸟儿鸣叫声，伴着升起的晨光。有心的人会倾听到这样的声音，心情愉悦地开始新一天的生活；而无心的人会抱怨昨天的晚睡，忽略这样的温馨。内心沉静才有可能感受到温暖的幸福，当女人的内心充斥了嘈杂的声音，她就已经丧失了感知幸福的能力。

人生无常，能来到这个世界，感受这个世界上所发生的花的盛开、草的萌生、天的晴朗，月的明媚，这已是人生的一种幸福。每个人所感受到的都是自己独一无二的幸福。幸福无法攀比、无法复制，幸福只是那样或深或浅地存在于你的心里，在某一刻荡漾在你的胸怀，然后化作你脸上那弯弯的嘴角。

一个幸福的女人总是面色红润、眉眼明亮，洋溢着温暖和热情。通常这样的女人总是宽容的，满足于生活中每一点微小的幸福。不攀比、不抱怨，淡定、从容，在这个也许嘈杂的世界里，宛如内心里生着一朵洁白的雪莲花，感受着属于自己的小幸福。愿这朵雪莲花也同样生长于每个女人心间，让芸芸众生中的每个女子都可以拥有自己独一无二的幸福。

**真正的幸福，是某个时刻你内心的那种或甜如蜜或淡淡的感受，是脸上那止不住的笑意，是用心去感受的点点滴滴。**

# Chapter3

## 自己对了，世界就对了

一个人经过不同程度的锻炼，就获得不同程度的修养、不同程度的效益。好比香料，捣得愈碎，磨得愈细，香得愈浓烈。

——杨绛

## 这一生，美丽与美好都要有

说起林徽因，多数人可能都会想到那句话：你是那人间的四月天。

她的美，不妖艳，不庸俗，而是一种大方、典雅和高贵的气质，那是经过岁月的打磨历练而成，是一种内在的修养散发出来的光芒。胡适先生说，她是中国的一代才女；冰心说，她很美丽，且有才气；文洁若说，她是天生丽质，超人的才智与后天高深的教育相得益彰。可以说，林徽因是一个令同性和异性都动容的女人。

放眼望去，尘世间太多美丽的女人，面容娇美、青春飞扬，可并非每个美丽的女人都能给人留下深刻的印象。那些令人为之震撼、回味无穷的女性，绝不仅仅是用外在的美博得众人的青睐，她们都有着深邃而灵动的内涵。

青霞是一个很好的女孩子，温柔善良，平时为人处世很不错，人缘极好。她有一个很爱她的老公和一个很懂事的孩子。她常常对别人说，自己很满足现在的生活，很爱很爱自己的家庭，她感觉很幸福。

有一天下班，她习惯性地逛街，打电话给自己的丈夫，问及下班时间，丈夫说可能晚一些。她独自在影院旁边走着的时候，发现一个身影与自己的丈夫一模一样，旁边还有一个女人。她怀疑是自己看错了，也没多想。

结果，几天后的一个晚上，她又一次发现了同样的情形。这次她看得清清楚楚，是自己的丈夫，旁边还带着一个很漂亮、很有气质的女人。她很生气，很想走上去给那个女人一巴掌，可她忍住了，没有那么做。

晚上，丈夫回来后，她什么也没有说，照例做好饭菜，和他聊天。十点多钟的夜幕，被街边的灯红酒绿照得闪闪发亮，她发现丈夫回来后没什么变化，而且还一直夸奖她，说最温馨的还是家。许多话被她咽回肚子里，欲哭无泪。

第二天早上，她早早起床，给自己化了一个满意的妆，丈夫笑着说："我记得好像不是结婚纪念日吧。"她什么也没说，只是笑笑，说："不是纪念日，就不能打扮自己了吗？"说完，她径直出了家门。

几天之后，在附近的茶餐厅门口，她又看到了丈夫和那个女人的身影。他们有说有笑，看起来聊得还很投机。撞见了这一幕，她觉得很尴尬，想假装没看见，可是丈夫分明也看到了自己。她大大方方地迎了上去，笑着打招呼："没想到在这里遇见了，来喝茶的吗？"丈夫的表情有点窘，但还是故作轻松地说："是啊，来喝茶。"她没有多说什么，寒暄了一番便离开了，也没有挑明彼此的关系。

离开的时候，她已经想好，晚上要尽力做好最后一顿饭，然后就和丈夫摊牌。晚上，丈夫回来了，嘴里哼着歌，并没有愧疚的表情。他笑着对她说：“没想到，你还挺有修养的。今天我还真担心，你会大发雷霆呢！我没来得及告诉你，那个女人是我们公司的一个大客户，从香港过来的，要跟我们公司签一个大合同。如果能签下来，我就有望升职了。”

听到丈夫这么一说，她突然很想笑，笑自己胡思乱想。笑过之后，她又有些庆幸，如果当时不是自己控制了情绪，表现得落落大方，恐怕对丈夫的事业、对自己的家庭，都会造成不可想象的后果。吃饭的时候，丈夫悄悄地对她说：“今天你走了之后，我突然觉得，现在的你比年轻的时候更有味道了，是一种成熟的美。”

美丽的女人就像红酒，装在漂亮的高脚杯里，颜色亮丽，令人垂涎；美好的女人犹如浸泡在紫砂壶里的香茗，融入紫砂的茶杯里，色泽清淡，需要慢慢地品味才能感受到怡人的芳香。美丽的女人可以悦目，美好的女人却能慰心；美丽是外在的，流于形式，美好却是内在的，蕴含神韵。

一个女人若只是面容姣好，身材迷人，而胸无点墨，言语粗陋，她的美只能给感官留下短暂的惊鸿一瞥，终究会输给岁月，毕竟人生不可能只如初见。美好的女人却不一样，那是后天的磨砺、岁月的积淀，就像一本内容丰富的书，不会因为时光流逝而被人遗忘，反倒是令人回味无穷。

一位哲人说过：“任何外表的美，如果没有内在的气质加以修饰，那都是不完美的。”

美好的女人，有一颗高贵的内心，大方从容，面对风雨，仍微笑迎接，乐观以待，在迷茫时候给自己力量。美好的女人，永远活在真实的世界里，情感丰富又细腻，洞明凡尘，不虚伪、不做作，懂得微笑，懂得忍耐，懂得只有付出自己的真心和耐心，才能换来永久的归宿。

女人可以不美丽，却不能不美好。淡然的笑意、优雅的举止、良好的修养、大气的胸怀，这才是女人最长久的气质。唯有成为内外兼修的女人，才能成为一道赏心悦目的风景。

唯有成为内外兼修的女人，才能成为一道赏心悦目的风景。

## 越唠叨，越糟糕

女人掌管着家庭大大小小的事情，不但细琐而且麻烦，时间久了难免会生出厌烦之感，唠叨几句也无可厚非。这种小情绪的发泄，本意并不坏。只是，凡事有度，如果让唠叨变成了一种习惯，它就成了幸福的破坏器。

陶乐丝·狄克思说：“一个男性的婚姻生活是否幸福，和他太太的脾气性格息息相关。如果她的脾气又急躁又唠叨，还没完没了地挑剔，那么即使她拥有普天之下其他的美德，也都等于零。”

女人希望通过唠叨来让男人理解自己的感受，得到安慰与支持，可事实上，唠叨只会让男人产生逆反心理。没有一个男人喜欢被琐碎的事情牵绊着，更不愿意对那些鸡毛蒜皮的小事斤斤计较。女人不停地唠叨，会打扰他们的情绪和心境，会让他们感到疲惫和厌恶，觉得不可理喻，以致矛盾上升，感情出现裂痕。

托尔斯泰是一代文学巨匠，他所创作的《战争与和平》和《安娜·卡列琳娜》，在世界上享有至高的荣誉。他的崇拜者不可计数，还有着相当可观的财产，可以说是名利双收了。可惜，上帝在赐予他名利与地位的同时，也顺手拿走了他美满的婚姻。

托尔斯泰刚结婚不久，战争就爆发了。在经历了战火的洗礼之后，托尔斯泰的内心产生了巨大的变化。他不再为自己的伟大著作而感到骄傲，而是专心于著作小册子，用来宣传爱与和平，停止战争与杀戮，消灭贫穷与疾病。他将所有的土地都给了穷人，自己过着清贫的生活。他亲自种地、伐木、砍柴、修理房子、用木碗吃饭，并尽力去爱他的仇人。

就在托尔斯泰极力追求简朴的同时，他的妻子却沉迷于奢侈和名誉之中，整天向往着财富与享受。托尔斯泰视金钱为一种罪恶，他坚持放弃了书籍的出版权，不收任何版税。为了这件事，他的妻子责骂了他很多年，甚至发狂地躺在地上打滚，以自杀来威胁他。妻子的唠叨和埋怨像魔鬼的獠牙一样，不停地啃噬着他的精神和灵魂。

直到1910年10月，一个大雪纷飞的夜晚，82岁的托尔斯泰再也无法忍受家庭的不幸，从家里逃了出来。在寒冷的黑夜中，托尔斯泰漫无目的地走着，11天之后，人们在一个车站发现了生命垂危的他。弥留之际，全球各地的记者都汇聚在这个小车站，他的所有子女也都来到他的膝下，而他临终前的最后一个请求却是——不要让他的妻子来到他身边。

古今中外，这样的事情屡见不鲜。纵然道理讲得再多，依然有女人步人后尘。

有时候，李炜宁愿在外面和朋友喝喝酒、聊聊天，去健身房待上几小时，也不愿早早回到家里，被妻子的唠叨烦死。李炜上班很累，很想每天回到家能安静地休息会儿，彻底地放松。可事实是，每天回到家里，等待他的永远都是“衣服随手乱放不知道叠整齐”“家里没米不知道去买”“拖鞋没有放在鞋架上”。

李炜一听，心里就来了火，累了一天好不容易回到家了，还得听妻子不停地唠叨，实在让他觉得很是煎熬。他多么希望妻子理解一下他的感受，给自己一些空间和自由。与此同时，妻子看他每天不耐烦的样子，说他不够关心自己。彼此不知道对方需要什么，在这样的误解之下，两个人的感情走到了崩溃的边缘。

生活本就琐碎，而唠叨会让琐碎变得更烦人。女人想要平静的生活，最好收起令人生厌的唠叨，多站在对方的立场上想一想，给对方需要的东西。假使他刚好需要一些安静的环境，就悄悄退出，给他一片自我恢复的天地，不要让他分心。就算心中有不满，也要用合适的语言表达出来，唠叨无济于事，只会散播出不开心的情绪，传染给别人，让本就阴沉的天气变得阴雨连绵。更重要的是，女人唠叨久了，心态会变得消极，凡事只往坏处想。

其实，很多时候不是自己身边的那个人不够好，也不是生活不顺心，而是自己的言行把爱人推到了烦躁的境地，把生活推到了凌乱的边缘。都说婚姻是一场修行，想要得到完美的婚姻关系，不能一味地要求别人怎样做，首先要让自己保持最好的状态，从内到外修养自己。

遇到问题时，不要急躁，不要喋喋不休，试着用一个微笑、一句暖心的话，给爱人一个心灵停靠的岸。若心中有不快，就用其他途径排出体外，或者用幽默的语言与人沟通。给爱人一个宽松的环境，也给自己一份平和的心境，在相互理解中品味生活的酸甜与苦辣。当你用包容与关爱替代唠叨时，他自会打破沉默与厌烦，成为你理想中的爱人。

**想要得到完美的婚姻关系，不能一味地要求别人怎样做，首先要让自己保持最好的状态，从内到外修养自己。**

# 宽容是一种柔软的力量

生活中，女人都希望爱人能够包容自己的小缺点、小情绪，反过来自己却总是苛责丈夫，觉得他这里做得不够、那里做得不好，常为一些小事情与丈夫争得面红耳赤。时间久了，吵得多了，感情也就走了样。待到真的失去时，再回顾过去的种种，发现不过都是些鸡毛蒜皮的小事，并没有什么原则性的问题，只是当时太过挑剔，不懂包容。

其实，不管多相爱的夫妻，都会有拌嘴的时候，唯有互相宽容，才能把这些不和抹平。不懂得包容和付出，不懂得珍惜，就算幸福摆在眼前，也会任它从指缝里溜走。

一位弟子到导师家里做客，发现导师和师母的关系十分融洽，就笑着问起他们的相处秘诀。导师笑着说：“没什么，就是吃惯你师母做的饭菜了，非她亲手做的吃不饱。”弟子笑着问师母：“是这样吗？”师母回答道：“我倒觉得自己的厨艺一般，只是我神经衰弱，晚上听惯了他打鼾，要是听不见的话，反而睡不踏实。”

几天后，弟子与导师出去写生，发现导师对外面的饭菜很“钟情”，吃得比在家里还多还香。弟子随即拨通了导师家里的电话，叮嘱保姆：“导师不在没有打鼾的声音，你一定要关照好师母的休息。”保姆笑着说：“只有导师不在的时候，师母才睡得好一些。”

这回，弟子终于明白了，导师与师母之所以能够相濡以沫，就是因为彼此宽容、彼此谅解。

莎士比亚在名剧《威尼斯商人》中说道：“宽容就像天上的细雨滋润着大地。它赐福于宽容的人，也赐福于被宽容的人。”

想要成为一个有品位、受人尊重的女人，就该怀着一颗宽容的心，豁达大度，笑对生活。有时候，不需要动气动怒，一句温婉贴心的话，一个幽默的玩笑，就能化解尴尬的局面，消融人与人之间的矛盾，填平感情的沟壑。

婚后的日子，他们相濡以沫，这种状态让周围不少人羡慕不已。她很细心，丈夫也很能干，几年之后，丈夫开办了一家自己的公司。因为业务忙，应酬多，丈夫陪伴的时间少了，可她从不担心什么。她一直相信丈夫，也相信两个人的感情。

半年后，一些风言风语传进了她的耳朵里。有人告诉她，丈夫跟公司里的女助理走得很近，让她多留心。不管别人怎么说，她依然相信丈夫。直到有一天，她无意间看到了丈夫手机上的短信，才知道，丈夫真的背叛了自己。

她没有吵闹，也没有质问，丈夫心知有愧，主动说出了他和女助理之间的事。其实，是女助理对他心生爱慕，而他在酒醉之后一时情迷，犯了错误。他说，女助理是一个不要承诺、不要回报的优秀女人，这样一个有魅力的女人，他实在难以抗拒，可他内心也希望女助理早点找到属于自己的幸福。

她能理解。纵然丈夫心里爱着自己，可面对外面的诱惑，难免会动心。可是，该怎么做呢？她把自己反锁在房间里，认真思考着他们的婚姻。没错，他们的生活看起来很幸福，平静的表面下却暗潮汹涌，而这一切都怪她平日里太疏忽了，忽视了对丈夫的关注，太相信丈夫了。想来想去，她还是决定原谅丈夫。

后来，她独自见过那位女助理。确实，那是一个很有气质的美丽女人。两个女人相见，没有歇斯底里，也没有谩骂侮辱，只是安静地审视着彼此。女助理说："我知道，他一直爱着你。在这场争夺战里，我一直都是个失败者。"她回应道："你是个很优秀的女孩，我相信你应该有更加美好的人生，应该有一个真心实意爱你的丈夫。你也一定会幸福。爱一个男人，并非要拥有他，而是要他能够幸福。现在，他有一个完整的家，我希望你能让他享受这份温暖而平静的生活。"

几天之后，女助理辞职了，她和丈夫的关系也缓和了。丈夫面带愧疚地对她说："对不起，是我错了。你是我这辈子最爱的女人，我也谢谢你，为我保全了这个家。"

一位哲人说过一番耐人寻味的话："天空收容每一片云彩，不论其美丑，故天空广阔无比；高山收容每一块岩石，不论其大小，故高山雄伟壮观；大海收容每一朵浪花，不论其清浊，故大海浩瀚无比！"

宽容，是理解的传递，是信任的途径，也是爱的箴言。瑕疵和遗憾本就是生活的组成部分，婚姻中更要容得了沙子。要让婚姻持久清新，要想成为爱人坚定的后盾，就需要在相濡以沫的日子里付出更多的理解和宽容，用理性和宽容来引导婚姻之水，让婚姻欢快地，朝着自己祈望的方向流去，并且能够细水长流。

当你怀有一颗宽容的心时，你会发现，他也不再是那个满身尽是缺点的他，你会用欣赏的目光发现他的闪光点，发现幸福的光芒。

**想要成为一个有品位、受人尊重的女人，就该怀着一颗宽容的心，豁达大度，笑对生活。**

## 用1/3的心思去爱自己

梁晓声曾在一篇文章中写道：“倘若有轮回，我愿自己来世为女人。我不祈祷自己花容月貌，不敢做婵娟之梦；我想，我应该是寻常女人中的一个。那么，假如我是一个寻常的女人，我将一再地提醒和告诫自己——决不用全部的心思去爱任何一个男人。用三分之一的心思就不算负情于他们了，另外三分之一的心思去爱世界和生活本身，用最后三分之一的心思爱自己。”

用三分之一的心思爱自己，这番话说得多么令人动容。可世间能够做到这一点的女人，哪怕仅仅留四分之一的爱给自己的女人，也并不多见。尤其是在有了家、有了孩子之后，女人大部分的心思都放在了丈夫和孩子身上，心甘情愿地付出，无怨无悔地奉献。

这份爱是伟大的，却让女人的生命或多或少缺失了一点点色彩。当岁月日复一日带走了那些美好的年华，再也寻不到任何蛛丝马迹时，看到斑白的两鬓，看到岁月在脸上刻下的痕迹，还有那些未曾实现却始终埋藏在心底的梦之花时，有几人可以毫不犹豫地说一句：我这一生了无遗憾?

一位女作家在餐厅吃饭，遇到一对年轻的情侣。

女孩想喝酒，只见男孩白了她一眼，说她起哄，女孩乖乖地放下酒杯，不再说什么。女孩想吃辣，男孩说了一句“我不吃”，女孩就没再提，把菜单递给了男孩。

女作家看得出，女孩很在意身边的男孩，一会儿变身男孩的丫鬟，一会儿变身他的姐姐或母亲，言语中带着关心与体贴，同时还有一份依赖。男孩除了外表出众之外，女作家没觉得他有什么特别的吸引人之处，至少在吃饭的那段时间里，他始终摆出一副高傲的表情，言语上也丝毫不客气。

看到眼前这一幕，女作家不禁想起不久前刚刚离婚的一位女性朋友。

当年，她对爱人倾心倾力，毫无保留地付出，甚至愿意为了他放弃自己最钟爱的职业，远离父母家乡跟随他去了别的城市。她的心里只有他，处处想的都是他，对自己的生活从未静心思索过。就像电影里一贯演绎的情节那般，男人出息了，却抛弃了她。在他决意要离婚时，她还在穷追不舍地问为什么，他给出一句冰冷的话：“不是你不好，而是你太好了，这份好让我觉得太压抑。”她明白，他觉得自己终日围着他转，厌烦了。

女作家为眼前的女孩感到担忧，她不知道，女孩未来的生活会怎样，可她心里隐隐地会感觉到一丝不安，她很想走向前去告诉女孩：“不要为了任何一个男人忽略自己的存在，也不要在爱情的世界里迷失自己。唯有懂得自爱的女人，才会拥有他人的爱，才值得被人深爱。”

某女性网站做了一期特别的专访，话题是：如何做一个爱自己的女人？

一位资深的女化妆师写道：“让自己时刻保持美丽的姿态，是我疼爱自己的方式，我不为取悦谁，只为让自己快乐。”她从不怕自己变老，也不怕自己不够好，更不怕别人不欣赏。当有人批评她的不完美时，她会一笑置之。她珍惜自己所拥有的一切，就算无人欣赏，依然会每天把自己打理得井井有条，让内心充实，不会在人前活得精致、人后变得邋遢。

她主宰着自己的生活，主宰着自己的世界，主宰着自己的容颜。单身的她甚至略带调侃地说，就算全世界真的没有哪个男人爱上她，她依然会让自己美丽地活着。她坦言，每次打扮自己的时候都很快乐、很幸福，哪怕只是穿了一件喜欢的衣服、一双喜欢的鞋，她也会由内至外地体会到满足。这种源自内心的幸福感，是因为在装扮中发现了自己的美，唤醒了生命里的自信。

一位国外知名女星说过：“我不怕自己变老，我获得的智慧和成长是上帝送给我最好的礼物，我不感叹青春的流逝，我只想让自己成为无论几岁都是这个年纪里最棒的女人！”爱自己的女人，懂得取悦自己的女人，无论走到生命哪段时光里，都是最好的状态。

无论你是资质平平的普通女孩，还是天生丽质的漂亮女人，都请你好好地爱自己。这是属于你的权利，也是给自己创造幸福和快乐的能力。一个女人只有懂得爱自己，让自己幸福，才有资格让别人去爱、去尊重、去欣赏，才有能力给别人幸福。爱自己的女人，身上散发出来的正能量，会让每一个靠近她的人，感受到那种从内至外的自信与从容。

弗朗索瓦丝·萨冈曾说：“总是有这样一段年纪，一个女人必须漂亮才能被爱；也总是会有这样一段时间，她得被人爱了才更美丽。”记得将这段话铭记于心，当你懂得精心地爱自己，就不会畏惧岁月这把无情的雕刻刀，而是在岁月中慢慢蜕变出美如珍珠的光华。

**一个女人只有懂得爱自己，让自己幸福，才有资格让别人去爱、去尊重、去欣赏，才有能力给别人幸福。**

## 接纳自己，拥抱自己

女网友梧桐在微博上如是写道："总有人对我说，不要生气，不要自私，不要小心眼，不要太贪心，不要……有时，我觉得自己特别坏，坏得让自己都难以接受。因为，我经常会小心眼，无缘无故地发脾气，一不留神说错话，遇到喜欢的事物露出贪心。我觉得，想要做个完美的人，必须改掉这些'缺点'，我也试着努力过，想尽办法克制自己的情绪和感受，但我觉得很不舒服。"此博文一发，立刻引来各种评论，许多人表示，这番话戳中了自己的心声。

受到是非黑白、善恶美丑观念的熏陶，我们往往都只记得"好人""完美的人""幸福的人"该具备的特质，也更乐于接纳和展示自身"好"的特质，比如热情、善良、诚实、勇敢、坚强。与此同时，也在极力掩饰和压抑那些"坏"的特质，如胆怯、贪婪、愤怒、自私、丑陋、轻浮、脆弱，不让别人发现。一旦偶然接触到自己的这些"坏"特质时，第一反应肯定逃避，尽快地跟它们撇清关系。与此同时，生活又常常会给女人制造出一种假象：似乎，只有努力变得更

“好”，才可能获得幸福。

白领YY说，当她看到那句话“形象价值百万，有了好形象才能为人所重视，收获更多的机会”时，便开始开始挑剔自己的形象，把许多不是因为形象而导致的问题也一并算到形象的身上，没有找到合适的工作，就认为是自己形象不好，不惜花费重金打扮自己，甚至还想过到医院去整形，以此换求职场前途。

全职妈妈小米说，总有人告诉她“脾气没了，福气就来了”，虽然她是个急性子，但现在几乎不对人发脾气，也不做任何自私的举动，甚至祈祷也是为了别人。这让她看起来变得美好、温婉了，无奈的是，她的身体状况却不太好，内心压抑着好多事。

事实上，小米很清楚，她的不骄不躁、淡定如水，根本不是真正的内心平和；她的不生气，是装扮出来的大度，而非真的想通了。她的私心、欲望和愤怒，受到的压抑太严重了，在潜意识里隐藏得太深了，以至于自己跟别人都没有意识到它们的存在。

两个不同的女人，道出了生活中的一种常态：随着年龄的增长，女人会发现，需要掩饰的东西似乎越来越多。可是，压抑和掩饰，不等于不存在。一旦自己的注意力稍微松懈的时候，那些不好的特质便会从潜意识里浮现出来。这就如同，为了掩饰心中的阴影，给自己戴上一层完美的面具，不让真实的想法流露出来，以此欺骗别人，也欺骗自己。慢慢地，也就习惯了这层面具，忘记了面具下面还有一个真实的自己。即便自己在生活中屡屡碰壁，可仍然压抑内心的暗示。

有些女人会选择闭上眼睛，堵住耳朵，拒绝接纳那个真实的自己，拒绝聆听真实的心声。殊不知，当自己刻意压抑那些不完美的时候，也压抑了与它们对立的那些优点。你的眼睛只看到了那些不好的东西，就感觉不到自己的美了，因为花费太多的精力和心思来掩饰自己的缺陷。纵然在某些事上展现出了好的特质，也不会为之感到荣耀。

刘茜不喜欢和朋友聚会，理由很实际，她经济上有些拮据，不愿意花费额外的钱。有些时候，躲不过去了，她也只好硬着头皮参加。待到埋单时，她还会抢着埋单，事实上她并不是心甘情愿，她所想的只是“如果我这样做，对方便不会认为我贪便宜和吝啬了”。

坦白说，很多女人都会掉进这个“如果”的陷阱里：“如果那样，我是不是就可以如何如何，解决什么样的问题……”可惜，不管什么样的幻想，终究都会在现实中破灭，到头来你会发现，其实你只是你，自私、暴躁、狭隘、小气依然存在，从哪方面看都不完美，只是它们并非你存在的常态，而是在某些特定的时刻才会显现出来。

当然，你根本用不着为此苦恼，因为只要是人，就必然会有阴影。你以为自己可以把阴暗面掩饰得天衣无缝，但那些被你刻意压抑的特质，总能找到机会显露出来，让周围的人看见。与其否定和掩饰自己内心的那些阴暗面，倒不如勇敢地承认和接纳，拥抱心灵的阴影，找回完整的自我，记住，是完整的自我，并非完美的自我。

这就意味着，你可以允许自己在适当的时候表现出私心和欲望，你可以允许自己存在人性的弱点，不必要苦苦地掩饰不完美的瑕疵，违背本真地过生活。如此，你便能够结束生活中的痛苦，不必再欺骗自己，欺骗整个世界。

承认和接纳完整的自我，意味着要平等地对待自己的每一项特质，既不刻意彰显，也不刻意压抑。完整应当是美与丑、善与恶、积极与消极的调和，唯有接纳心灵的阴影，才能得到它的馈赠，你觉得自己太软弱，那就努力找到软弱的对立面，让自己变得坚强；你被自卑困扰着，那就要在内心里寻找自信；你总被他人轻视，那就找到发生这种情况的根源。就像荣格告诉我们的那样，金子总是隐藏在暗处。唯有从容接纳黑暗的女人，才有资格享受光明。

**金子总是隐藏在暗处。唯有从容接纳黑暗的女人，才有资格享受光明。**

## 寂寞的日子也可以很美

张爱玲说：“夜那么长，足够我把每一盏灯都点亮，守在门旁，换上我最美丽的衣裳。”细细品味，字里行间都透着一股寂寞的味道，可在寂寞之余，却又不失美丽。

在华丽炫彩的生活舞台上，几乎每个人都曾渴望自己成为最光鲜亮丽的焦点，在簇拥的热情中绽放最美的光华。鲜少有人愿意独自忍受寂寞无助，在不起眼的角落里默默耕耘，做一株无名的小草。说来，也不是畏惧那份艰辛，只是耐不住那份平淡的寂寞。你看，周围的世界里歌舞升平，自己的世界冷冷清清，这样的孤寂和落寞，往往会击溃女人那颗脆弱的心。

可是，有人说过：人生就是一场一个人的旅行。父母无法陪伴你一生，孩子会有属于他自己的生活，就连亲密的爱人，也可能会在生命的暮年，先行一步离开。有谁，能够时时刻刻陪伴在你身边？总得有那么一段岁月，那么一些时光，注定要一个人寂寞地走过。

历史昆剧《班昭》中有这样几句唱词：“最难耐的是寂寞，最难抛的是荣华，从来学问欺富贵，真文章在孤灯下。”区区二十几个字，道尽了《班昭》中最美妙的精髓，留给女人一道深刻的人生命题：寂寞是美丽的。那些破茧成蝶、翩翩起舞的女人，无疑都在黑暗而厚重的茧中忍受过寂寞和痛苦，正是那份痛，磨砺出了一双美丽的翅膀，在未来的某一天，褪去从前的种种，开启别样的人生。

出身名门，才华横溢，她几乎拥有着令旁人羡慕的一切。更为出众的是，从16岁开始，她就凸显了文学天赋，开始尝试动笔写作。之后，她做过编辑，在电视台做过编剧，还曾到英国学习几年。这样一个集家世、美丽、才学为一身的女子，本可以选择诸多体面的工作，可她却偏偏选中了一个在当时最不被人看好的、难登大雅之堂的职业：言情小说作家。

可想而知，周围全是反对的声音、鄙夷的目光，她当时的情境有多么难堪！她承认，自己当时的内心有无助、有寂寞，不被人理解和接纳，一度让她感到彷徨和痛苦。然而，在无尽的心灵寂寞中，她还是选择了坚持，坚持自己喜欢的事。

当时，香港的《明报》每期都有她的专栏，她的小说销量可观，多部作品都被一版再版。这些年来，她孜孜不倦地抒写自己挚爱的言情小说，一坚持，就是50年，直到现在，她依然没有封笔之意。

曾经，有人问她：“当别人说你的小说不入流，不认可你的时候，你心里寂寞吗？你害怕过这样的寂寞吗？你的哥哥们都是文化界的名流，只有你从事着不被认可的工作，你心里会觉得寂寞吗？”

她淡淡地回答：“正因为寂寞，我才有了继续坚持下去的理由；如果少了这份寂寞，我又怎么可能心无旁骛、踏踏实实地写书呢？寂寞不可怕，只要在寂寞中不为所动地一直做下去，就会有好的结果。”

这个冷静而在寂寞岁月里盛开的女人，就是著名的女作家亦舒。

物欲横流的时代里，充斥着太多难以抗拒的诱惑，耐不住寂寞，往往就会在灯红酒绿的倒影中迷失自己；耐不住寂寞，就很难始终如一地坚守自己的选择，半途而废、浅尝而止。谁都知道，寂寞的路途是孤单的，鲜少有人理解和支持，甚至会有一种被隔离的疏远感，可是，也正因为有了孤独的磨炼，历经风雨的洗礼，才能够看见彩虹。不信你看，沙粒被蚌壳包围，历经黑暗与孤独，任由黏液的浸泡消融，而后才成了一颗绽放光芒的珍珠；还有那金光石，总是在经历百般打磨雕琢之后，才成为一颗璀璨的钻石。

一位女白领说：“在别人眼里，我是个孤独的人，朋友不多，很少参加聚会。其实，我并不觉得孤独，很多时候，我宁愿一个人在房间里放着喜欢的音乐，看一场喜欢的电影，读自己喜欢的书。别人害怕的寂寞，是我心中难得的享受。事实上，寂寞本身不可怕，也不是说，一个人的日子就很可怜，最可怜的，是内心的焦躁和不安。”

寂寞像一杯咖啡，苦涩的味道令人难以下咽，可当你懂得品味生活的苦，也许就能从中尝到一丝醇香。别抗拒寂寞的时光，当你经历过生活的种种波折，有过刻骨铭心的情感历程，你会明白，苦才是人生的真谛。在一个人的日子里，从容地过滤孤独，你所感到的便不只是迷茫和困惑，还有一种宁静与祥和。

**在一个人的日子里，从容地过滤孤独，你所感到的便不只是迷茫和困惑，还有一种宁静与祥和。**

## 真正的愉悦来自内心

一个充满自信的女人问一位风度翩翩的男士："你最欣赏的女人是什么类型的？"问题说出来时，她已经在心里准备了好几种答案，比如漂亮、优雅、知性、坚强，等等，可男士的回答却不在她的预料内。男士说："我最欣赏快乐的女人。漂亮能干的女人固然好，但真正打动人心，能愿意让人与之共同相处的，还是一颗快乐的心。"

在和谐的家庭中，女人常常是温和快乐的，她们能在琐碎的日子里体会到幸福和满足，不会终日缠绕着丈夫，要求他给自己快乐，她们向来都懂得自己找寻快乐，这是一种本事，也是一种能量。在不幸的家庭中，女人总是怀有怨气的，她们向丈夫传递的信息永远都是"你委屈了我""我嫁给你不快乐""我拥有的东西太少"。这种怨气，就像个巨大的负面磁场，很快就传递到家的每个角落、每个成员的心里。久而久之，人心变得压抑、沮丧，家也少了家的味道。

苏扬有着年薪不菲的工作、体贴的丈夫、可爱的孩子，可她仍然觉得不幸福。每天，她都阴沉着脸去上班，回家后再以同样的面孔对待家人，这种冷漠让很多人都不喜欢她，与她保持距离。在一次职工会议上，苏扬发现员工们三一群俩一伙地来，后又结伴而去，跟自己搭讪的人很少，她这才意识到自己有多“孤立”。

回家后，她问丈夫：“我是不是太严肃了，让人觉得难以接近？”

丈夫说：“不是严肃，是你没有快乐的情绪。我知道你的性情，但别人未必了解。你一脸的不高兴，别人也会觉得不舒服，所以不愿接触。有时，我心里有事想跟你说，可看到你的样子，只能咽在肚里。”

苏扬开始反思自己。她发现，自己真正感到快乐的时候很少。尽管，在同龄人眼里自己是个成功而幸福的女人，自己却很少为这一切感到快乐和满足。工作，就像是永远也完不成的任务；生活，常常充满琐碎的事情。她的心，一直沉浸在烦躁的情绪中。

意识到自己的问题后，她开始尝试改变。不再尽想着生活里那点不如意，而是把目光聚集在容易给自己带来快乐的事情上。在家里，她尽量去发现老公的优点，少挑孩子的毛病，让愉快的氛围重新回到家里。

不久之后，苏扬发现生活有了变化，自己的精神状态比过去好了许多，家人和朋友对她比从前亲近了。她用快乐的力量，挽回了人气，也挽回了幸福。

环顾身边的女人，处处都有和苏扬一样的影子。漂亮的女人不少，能干的、坚强的女人也不少，可没有几个是真正活得快乐的。不是对生活不满，就是在追求物质的过程中失去了纯真。她们会说，是生活给了自己太多责任、负担和约束，抛开工作的压力、职位的竞争，单单是家里的事就足以让她们操碎心，要做妻子、母子、女儿，要张罗一日三餐，要关心丈夫的事业，叮嘱孩子的学习，活得就像一只陀螺。

事实上，快乐是一种选择，而非要达到怎样的生活状态。生活对于任何一个女人而言，都是相近的，要扮演的角色相似，要承受的压力相当。只是，有人在平淡的生活里发现甜蜜和温馨，有人把自己的心囚禁在了狭小的天地里。快乐，不是物质给的，不是丈夫给的，而是自己寻找的。笑容和快乐，是女人最好的化妆品，也是女人的本事。真正懂生活的女人，永远不会把自己的生活看作地狱，而是享受人生路上一浅一深的过程。

曾经，一位女作家在异国他乡做客，刚一进门就感受到了主人家里萦绕的快乐气氛。女主人是一个50岁左右的中年妇女，在中国，这个年龄的女性应该已经很稳重了，可这位女主人却像是20来岁的女孩一样，十分快活。让这位作家更加惊讶的是，他们家里70多岁的老奶奶的神情也是一样充满快活。

后来，作家在她的文章里写道："那位老人的眼中充满了孩童般天真的光彩，仿佛时光的流逝并没有在她的眼中留下任何印记一样。如果每个女人到老了的时候，都还能像那位老人一样保持着孩童般的纯真与快乐，那么我们的一生应该很美丽，生活也会很幸福。"

快乐的女人，可以为自己的生活带来改变，也会改变身边的人。想要获得快乐，其实非常简单，不要总用失败的教训提醒自己，要常用积极性的暗示；别给自己贴上失败的标签，真正能够击倒你的人只有你自己；不要向爱人去索取快乐，真正的愉悦是来自内心的，不是谁能长久给予你的。

当然，更重要的是放下那些不属于自己的东西，学会满足。生活中并没有多少永远属于我们的东西，有些事物根本不值得拼命追求和计较，它们都会随着人生旅途渐行渐远，比如青春、岁月、名利、财富。唯有懂得知足，才不会在岁月里走向庸俗。

**笑容和快乐，是女人最好的化妆品，也是女人的本事。**

# Chapter4

## 世界再嘈杂，也要守一份安宁

唯有身处卑微的人，最有机缘看到世态人情的真相。一个人不想攀高就不怕下跌，也不用倾轧排挤，可以保其天真，成其自然，潜心一志完成自己能做的事。

——杨绛

## 不诱惑，也不受诱惑

张爱玲曾写过这样一段话："她不诱惑，也不受诱惑，如她在人生的盛宴里，不醉，也不劝人醉。她知道生命的甘味，在于浅尝辄止。而令来自花朵的啤酒，结出最丑陋剧毒果实的，是无尽的贪杯。"

这番话，无论于过去、现在还是将来，都是给女人最好的忠告。这个世界灯红酒绿，新鲜刺激的事物层出不穷，温暖美好的感觉总能让女人情不自禁地心动，难以冷静地拒绝。诱惑，永远穿着一件美丽的衣裳，散发着独特的香气，令你神往，可鲜少有女人知道，那其实是开在心底的罂粟，虽色泽艳丽、花香袭人，一旦沾染了，就会跌入万劫不复的深渊，再无法回到最初。

风靡一时的宫廷小说《甄嬛传》，淋漓尽致地展现了众多女人可悲可叹的一生。其中，给人印象最为深刻的，也许不是主人公甄嬛，而是那个出身不高、看似小鸟依人，却在名利富贵中迷失自我，最终伤人伤己的安陵容。

安陵容是一个小县丞之女，在选秀之际，站在诸多佳丽之间，她是那么不起眼。衣着寒酸，眉宇间透露着些许的不安和羞涩，还在不经意间冲撞了夏家千金，惹来一阵羞辱。幸好，有甄嬛为其解围，看她的装扮过于素简，便在她的耳鬓之处插了一支海棠。结果，这支海棠博得了皇帝的眼球，安陵容得以入宫。

此时的安陵容，内心还是纯善的，对甄嬛与眉庄有着一丝姐妹情谊。可是，宫里的日子太难熬，这不是“得一人心便可终老”的地方，家世显赫的华妃刁钻跋扈，阴狠的皇后城府颇深，安陵容没有家世背景可依靠，没有出众的容貌得圣恩，她有的只是寒微的出身，和不起眼的“答应”之位，就连势利的宫女太监都对她横眉冷对、不屑一顾。

她的转变，是从父亲出事开始的。当时，她求助于正得宠的眉庄，可眉庄顾及左右没有直接给予帮助，无奈之下，她只得投奔皇后。皇后为了拉拢她作为日后的棋子，便施以援手。安陵容的心，开始倾向于皇后，或者说，开始倾向于权力。

真正与甄嬛和眉庄决裂，还是因为她命令总领太监用残忍的手段料理了毒害甄嬛的余莺儿，眉庄无心说了一句她心狠，她便从此介怀于心，觉得甄嬛与眉庄之间的情谊远比她们与自己的感情要深厚很多。纵然后来甄嬛出谋划策助她第一次得宠，她也从未觉得甄嬛是看在姐妹情分上真心帮她，而是觉得对方完全是在利用她。

此后的陵容，为了保全自己和家族，为了荣宠和地位，为了虚荣和自尊，她开始投靠皇后。表面上看，她依然是那个温顺柔婉的小女子，可时间久了，她早已丢失了自己的真性情，被欲望捏成了一个满腹邪恶计谋的毒女子。她精心策划了一场又一场的害人之计，把所有真心待她的人伤得体无完肤，最后带着满心的后悔疲倦，孤独而苍凉地离开了世间。

跳出小说的情节，回到现实中来，其实绝大多数的女子都是安陵容：出生在平凡的家庭，没有显赫的门第，没有可依靠的家世背景，走出家庭，迈进复杂的社会，就如同迈进了那偌大而复杂的“后宫”，未来的一切都靠自己去撰写。在入世之后，见识了繁华，声色犬马、名利地位，统统映入了眼帘；与此同时，也见过了人情冷暖、世态炎凉。或许，在不经意间，就被一处处华丽的诱惑吸引了，迫切地想要改变现状。此时，抉择，就是人生的一道分水岭。

是否能够稳住自己的心，是否懂得拒绝，是对一个女人心灵与智慧的考验。在灯红酒绿的世界里，能看淡繁华，也许日子会平淡如水，没有轰轰烈烈和繁花簇拥，但少了名利财权的束缚，也能收获一份安稳的人生。若是被诱惑冲昏了头脑，不顾一切去追寻，有时往往会迷失自我，迷失方向，误入歧途。

记得一则故事里讲到，一位年轻的女子问老者：“怎样才能走到幸福的彼岸？”

老者微微一笑，用纸张叠成了一只小船，放在旁边的小河里。小船不急不躁，无声无息，随着水流缓缓地驶向前方。沿途之中，蝴蝶、鲜花不时地向它搔首弄姿，小船视而不见，依旧默默地前行。

之后，老者解释道：“人这一辈子，要面对的诱惑太多了，金钱、名利、地位、美色，无时无刻不在叨扰着人心。若是途中因思谋金钱而停留，因渴求名誉而浮躁，因攫取地位而慌乱，就很难像小船这样，淡定地前行。”

当然，这不是说女人就该放弃对物质生活的追求，只是提醒所有女人：像小船那样，心无旁骛、淡定地走自己的路，不为路旁繁杂的诱惑所动，不为外物而折损自己的尊严，保持温婉的外表和一棵青松般的心，在坚强里长成一株艳丽的花。

**是否能够稳住自己的心，是否懂得拒绝，是对一个女人心灵与智慧的考验。**

## 拔下那根虚荣的羽毛

莫泊桑的《项链》，讲述了一个小公务员的妻子马蒂尔德，因为爱慕虚荣向好友借了一条项链，在舞会上出尽风头，却不料在回家路上项链意外丢失。为了偿还女友一条钻石项链，她和丈夫借了一大笔钱，辛苦10年才把债务还清。10年之后，美貌和健康消失殆尽的她，出现在借与她项链的女友面前，却得知当年自己丢失的项链，不过是一件赝品。

看到结尾时，多数人都为之震惊，也为马蒂尔德感到遗憾。若不是因为虚荣，她不至于赔上了自己10年的青春，弄得如此不堪。再深入地想，她的虚荣不只害了自己，也牵连了丈夫。若没有欠下高额的债务，她专心理家，而丈夫依然做着小公务员，10年的时间，也许她的支持和鼓舞，会让丈夫有一番作为，让他们的生活迥然不同。然而，说什么都迟了，她虚荣，她出彩，她丢了项链，她断送了所有更美好的可能。

虚荣像一面镜子，反射出最美的日光，过后便是永久的黑暗。

像马蒂尔德这样的虚荣女人，往往会因为迷恋那一瞬间的美丽，而付出惨重的代价。尽管多数女人都知道虚荣不可碰，可心里还是不免会步马蒂尔德的后尘。四处炫耀自己的特长与成就，热衷于别人的赞美；喜欢不懂装懂，处处争强好胜，自命不凡；经常把生活中的失误归咎于他人，即便自己有缺点，也会试图用各种借口极力掩饰。她们沉醉在虚假的荣耀里，拼命地掩盖着真实的内心，当有一天，虚荣的面具被揭穿，她们才知道自己不过是在哗众取宠，自欺欺人。

阿霞和男友阿伟是大学时代的恋人，毕业后在同一个城市工作。社会就像一个万花筒，有人因它的多姿多彩而迷失了方向，有人坚守着最初的内心始终未曾改变。阿伟想的是怎么努力让阿霞过上好日子，阿霞想的却是通过什么方式满足自己的虚荣。

某天，两人逛街经过一家首饰店门前，阿霞一眼就看见摆在玻璃柜子中间的那条心形的项链，她对阿伟说："我的皮肤这么白，配上这条项链一定很好看。"阿伟看见阿霞恋恋不舍的目光，再摸摸自己的口袋，红着脸拉着阿霞走开了。阿霞嘴上没说什么，心里很不高兴。

几个月后，在阿霞的生日聚会上，阿伟喝了很多酒，憋了半天才把手里的礼物拿出来。阿霞一看，正是自己看上的那条项链。只是，给阿霞戴上的时候，他小声说了句："这项链是仿的。"阿伟的声音很小，但还是有人听见了，阿霞的脸涨得通红，然后开始喝酒，直到聚会结束，她都没再看阿伟一眼。

不久之后，阿霞遇到了一个40岁左右的男人。他的成熟沉稳吸引了阿霞，他的钱更是满足了阿霞膨胀的虚荣心。他送给阿霞不少金首饰，说希望跟她在一起。阿霞没有犹豫，很快就跟阿伟分手，与那个男人同居了。男人对阿霞百依百顺，阿霞也为自己的选择沾沾自喜。

阿霞辞掉了工作，体会着有人养活的舒适。再后来，她怀孕了，借此机会她提出要跟对方结婚。谁知道，男人在得知阿霞怀孕的第二天，就人间蒸发了。房租到期后，阿霞只好搬了出来。一无工作，二无存款，无依无靠的她只好拿着那些首饰走进当铺。老板看了一眼，说道："你拿这么多镀金的首饰来做什么？不值钱的。"阿霞一下子愣住了。正当她绝望的时候，老板拿出一条心形的银链子，对她说："这个倒是真的，你要当吗？"那条心形的项链，正是阿伟送的，阿霞这才恍然大悟，抓起链子哭着冲出门外。

如果女人处理不好虚荣心的问题，就会迷失自己，最终承受的痛苦比其他方面的虚荣所带来的痛苦，要大得多。虽然每个人或多或少都会有虚荣心，但在情感的道路上，要以真心为前提，若把物质当成择偶的标准，难以得到真正的幸福。

喜欢漂亮的服饰，喜欢绵绵情话，喜欢美酒咖啡，喜欢音乐浪漫，这原本是女人的天性，也没有错，在允许的经济范围内执着那份虚荣，可以让自己可爱动人。若所追求的虚荣超出了自己的经济能力，就是在作茧自缚，终会自食恶果。

理想的生活、完美的自己、纯粹的幸福，并非是靠华丽的外在包装出来的。一个女人的完美，不在于她外表的美丽，而是具备秀外慧中的气质，该感性的时候有情调，该理性的时候有慧心。就像世人常说的：一个人越是缺少什么，就越是爱炫耀什么。真正淡定、内心充满自信的女人，不需要借助其他外力——名车、房子、首饰、衣服的陪伴，那些都只是她的附属品，她真正的价值在于眉宇间的淡定和内心的丰盈。

**理想的生活、完美的自己、纯粹的幸福，并非是靠华丽的外在包装出来的。**

## 钱与心安，后者更可贵

有这样一则寓言故事：

一只狼的喉咙被一根骨头卡住了，吐不出来也咽不下去，很是难受。为了从痛苦中解脱，它便允诺道：如果有人能把这根骨头掏出来，一定重金酬谢。

一只长嘴鹤听后，被老狼的重金诱惑，毫不犹豫地将自己的脑袋伸进狼的喉咙里。当这只鹤把骨头取出，并向狼索要重金时，狼却磨着牙齿说道："哼，我没有把你的脑袋吞进肚子里，就是最大的报酬。"

狼会做出这样的允诺，正是明白重金之下必有勇夫。糊涂的长嘴鹤却不明白，能够从最危险的地方全身而退，已经是莫大的幸运了。若还是固守着心中的那份贪念，恐怕就要付出可怕的代价了。同样，在日趋物质化的社会中，在充满诱惑的各个角落里，女人若不能守一颗淡泊的心，也可能会在金钱的诱惑下和物质的攀比中，扭曲了本真，痛失最美好的东西。

1983年，石油大亨费迪因心力衰竭住进了汤普森医院。两伊战争使他的十几家石油公司陷入危机，即将破产，他心力交瘁，不得不住进医院。当时英国《泰晤士报》是这样报道的：汤普森成了美国的石油中心，因为这里住着石油大亨。

幸运的是，他的心脏手术很成功，最终保住了性命。一个月后，他出院了。不过，他并没有返回美国，而是卖掉公司，在苏格兰乡下的一栋别墅里休养，过起了淡泊的生活。这让世人不解。当记者追问他为什么要卖掉自己的公司时，他指了指医院大楼上的一行字："你的身躯很庞大，但你的生命需要的仅仅是一颗心脏！"

哈默院长听后泪流满面，他指着那行字说："当年好莱坞最胖的影星里奥·罗斯顿因心力衰竭被送往汤普森时，用了最好的药、最好的医生、最先进的设备，都没有能挽回他的生命。临终前，他绝望地留下这句话，以提醒那些不知道珍惜生命的人。"

后来，人们在费迪的传记中发现了这么一句话："富裕和肥胖没什么两样，也不过是获得超过自己所需要的东西罢了。"

生活中有关诱惑的圈套比比皆是，大多数女人也都明白，真正的幸福跟外在的物质没有本质联系，只是自己的心态和思想在作祟，攀比、虚荣在一次又一次撞击脆弱的心灵，让人变得愈发浮躁难安。被太多的物质和功利困扰，心就会变得疲惫。如果能果断地放弃那些沉重的枷锁，不追求过多的物质，抛弃那些浮华与虚荣，欣然面对平淡的日子，就能够感受到内心的宁静，体会到生活的美好。

在远离城市喧嚣的僻静处，有一条老街，街上有一家茶馆，里面住着一位老妇人。她经常戴着一副老花镜坐在那里织毛衣，身旁放着一把紫砂壶。老妇人并不在乎生意的好坏，她老了，挣的钱够维持生活，她就很满足了。

一天，一个经营古董的商人从这里经过，无意间看到老妇人身边的紫砂壶。他一眼看出，那把壶颇有清代制壶名家戴振公的风格，且他的作品现在仅存三件：一件在美国纽约州立博物馆里，一件在中国台湾“故宫博物院”里，还有一件在泰国某位华侨手里。

商人在得到老妇人的应允后，仔细地端详起那把壶。果然不出他所料，这正是戴振公的作品。他如同发现了新大陆一般，兴奋不已，当场提出要出10万元买下这把壶。老妇女先是一惊，而后拒绝了。这把壶是她丈夫留下来的传家之宝，意义非凡。

商人走了，老妇女的心却不平静了。她没想到，这把用了多年的茶壶竟然这么值钱。原来她躺在椅子上喝水，都是闭着眼睛把壶放在小桌上，可现在她总要坐起来看一看。当周围的人知道她有一把价值连城的茶壶后，门槛都快被踏破了，甚至还有人大晚上来推她的门。一把壶，彻底搅乱了老妇人的生活。

过了一段时间，商人又来了，这一回他带着20万元现金登门。老妇人再也坐不住了。她下了决心，招来左右店铺的人和前后邻居，当众将那把紫砂壶摔了个粉碎。

拥有一个价值连城的物件，固然是幸运之事，但若这件身外之物给心灵带来负累，给生活制造了重重麻烦，真的不如不要。女人活着，要时刻保持一颗淡泊的心。淡泊不是逃避，也不是碌碌无为，而是一种形如云水淡如菊的豁达观念，是心灵修行的最高境界。

对待生活，安于自己的选择，平心静气地做好自己该做的事。不为眼前的零星利益沾沾自喜，也不为拥有财富死守不放，更不要为自己没有大把金钱而抱怨不已。停下来，闻一闻玫瑰，用一颗淡泊的心面对生活。多么美丽的画面，无为、无争、不贪、知足、幸福。温和平静，简单的生活，本就是一种莫大的幸福。

淡泊不是逃避，也不是碌碌无为，而是一种形如云水淡如菊的豁达观念，是心灵修行的最高境界。

## 饮遍世间烈酒，方知白水最长情

“相爱没有那么容易，每个人都有它的脾气，过了爱做梦的年纪，轰轰烈烈不如平静；幸福没有那么容易，才会特别让人着迷，什么都不懂的年纪，曾经最掏心，所以最开心。”

一首《没那么简单》，唱透了许多女人的心思。年轻的时候，幻想过轰轰烈烈的人生，过充满能量的日子，痛痛快快将那一段光阴折腾到无法动弹。吃饭喜欢浓烈的口味，旅行希望长远且精彩。感情上也一样，爱到霸道，爱到极端，恨到极致，痛到最痛，大吵大闹。生活是跳跃着的、浓烈的、浮躁的、轻狂的。仿佛只有这样，才称得上精彩。

然而，岁月的脚步从不停歇，曾经疯狂的少男少女，终有一天会长大成人，要与柴米油盐的生活打交道，要担负起家庭的责任和重担。到那时，一切已经风平浪静，回归到了最真实、最质朴的原点，年轻的灵魂才觉醒：生活中最长久的味道，便是这一碗白稀饭、一块白豆腐。人生如梦，繁华落尽，过眼云烟，转眼即逝，唯有内心的淡然，才最持久、最芬芳。

孙莉的丈夫成熟稳重，事业上小有成就。走过几年的婚姻之路，他们之间的感情已经犹如亲情。夫妻俩平日里没什么矛盾，孙莉却总觉得生活中少了点什么，似乎是日子太过平淡了，没有激情和浪漫，简直像一杯白开水。

偶然的一天，孙莉对丈夫说，她厌倦了现在的生活。说这一番话的时候，她并没有顾及丈夫的感受。那天夜里，丈夫独自一人想了许久，只是没有做出任何举动。孙莉对丈夫的表现很不满，说他不知道何谓“危机感”，自己实在不知道还能指望他什么。

丈夫被激怒了，问她：“怎么做你才满意？”

孙莉耍起了小女孩的脾气，给丈夫出了一个不切实际的“浪漫难题”：“我要悬崖峭壁上的花，你得冒着生命的危险去摘，你愿意吗？”

丈夫无奈地摇摇头，说：“明天给你答复。”

第二天早上，孙莉醒来时发现丈夫已经离开了。客厅的餐桌上放着一张字迹潦草的信。

亲爱的莉：

原谅我，我不会为你去采峭壁上的花。因为，你出门总是忘带钥匙，我不得不跑回家为你开门；你上网时总是会把程序搞乱，每次都坐在屏幕前大发脾气，我不得不动手恢复那些搞乱的程序，还要安抚你的臭脾气；你累的时候总是痉挛，我不得不为你按摩；你喜欢旅行，可你却是个路痴，总是迷路，我不得不陪着你；你一个人在家里总是害怕，我不得不陪在你身边，让你感到安全；你偶尔会觉得无聊，为了给你解闷，我不得不想尽办法逗你开心。

所以，亲爱的，我不会去摘那朵悬崖峭壁上的花，除非我知道这

**个世界上还有人比我更爱你，我才会离开。**

看到这里，孙莉的眼泪下来了。信的下面还有一行字：“如果你认为我说得对，就赶紧去开门，我买了你最爱吃的豆浆油条。”孙莉急忙去开门，她已经忘了悬崖之花，看到手里拿着早点的丈夫，喜笑颜开。

她终于知道，爱情，只在这一朝一夕的相处中，平平淡淡的滋味中，最美最令人沉醉。每一份平淡中都有不凡，淡也是生活最浓的滋味。幸福，就像一杯清茶，细细品来，清香悠远，历久弥新。

小说《蓦然回首》中说：“淡淡而悠远，茫茫而悠长，真正幸福的生活，并不是什么轰轰烈烈，而是一壶水，平平淡淡，而在加热时，也会泛起一些波澜……”

淡淡的生活，淡淡的心情，淡淡的人生，淡淡的思绪。平平淡淡的生活是一种豁达，一种明悟，一种清晰的遐想，一份真诚的悠闲。宠辱不惊，轻描淡写，花开花落，云卷云舒，这才是最本质的幸福。

苏轼曾经说过：“岁月浓淡总相宜，人生有味是清欢！”世事纷繁，相比大千世界、芸芸众生的女人，不过是一个平凡人，如小草之于烂漫的春天，如小溪之于辽阔的海洋，如白云之于无垠的蓝天……女人，要学会享受平淡的日子，做一个如水般淡泊的女子，在平平淡淡的生活中，凝练出一份宁静的心态，营造出一份淡泊的爱意。将那份“采菊东篱下，悠然见南山”的清雅，蕴藏在心间。在平淡的岁月中弹拨出亘古不变的幸福曲调，演绎出生命的从容和本真。

**人生如梦，繁华落尽，过眼云烟，转眼即逝，唯有内心的淡然，才最持久、最芬芳。**

# 最大的勇敢，其实是拒绝

《贤奕篇》中有一则寓言故事：猎人们捕捉黑猩猩时，总是先在地上放许多草鞋，这些草鞋相互连接，中间漏空，会阻碍它们逃跑的步伐。草鞋的最远处，是几坛美酒，香气扑鼻，令人垂涎。黑猩猩一看便知这是圈套，然而面对诱惑，却总有猩猩提议“盍少尝之”？

回顾现实生活，明知是诱惑却偏偏忍不住想要靠近的女人，绝不在少数。不可否认，诱惑有着吸引人的外表，有着无与伦比的“魅力”，让多少女人见了不免会心动，无法冷静地拒绝，甚至不顾一切地铤而走险，结果，弄得自己遍体鳞伤，失去了原有的美好和幸福。

曾经，一位单纯的女孩与男友南下打工。在灯红酒绿的城市里，他们发现自己实在太渺小。男友奔波许久，在老乡的介绍下进了一家电子厂做流水线工人；女孩投了不少简历，希望找一份文职，可许多次面试后，都石沉大海了。

终于有一天，女孩接到了录用通知。可她没想到，公司的经理并不是真的需要助理，他要找的是一个“代孕妈妈”。因为他的妻子无法生育，两人商议之后，只想找个合适的女子为他生个小孩，代孕费15万元。

女孩犹豫着把事情告诉了男友，在金钱的利诱下，男友竟然同意了，说这些钱可以作为他们日后开个店铺的启动资金，等女孩代孕结束后，他们就结婚。单纯的女孩相信了，答应了公司经理的要求。

由于第一次人工授精没有成功，经理的妻子告诉女孩，唯一的办法就是让她与经理发生关系。在她不知所措的时候，她意外地发现自己一向准时的月经竟然没有来。这时，距离她跟男友在一起刚好半个月，而上次跟经理去做身体检查时，恰好是她与男友发生关系的第二天，所以才没有查出异样。把整个事情想了一遍之后，女孩确定，她肚子里的孩子是男友的。

有了男友的孩子，女孩不再害怕。她与经理同房后一个多月后，到医院接受检查。她故意把自己的月经时间推后半个月，医生对她说，她的胚胎稍微大了一些。这让她更加肯定，孩子是男友的。她把消息偷偷告诉了男友，没承想，男友竟然不承认，还用低俗的语言骂她。

更让她没想到的是，男友第二天跑到经理办公室，说要告他强奸了女孩。无奈之下，经理只好给了他3万块钱做封口费。女孩得知后，心里一震，想找男友问清楚，可此时的男友已经辞职离开工厂，人间蒸发了。

女孩心如死灰，她知道男友不会再回来了。他其实根本不曾真心爱过她，他想要的是钱。而她呢？更加后悔自己当初听信了他的话，为了那虚无缥缈的“美好未来”给人代孕。经过几天的挣扎，她跑到医院做掉了这个孩子，离开了这座城市。

诱惑如影随形，大千世界，每一处都暗藏着诱惑与毁灭。想要保持内心的平衡，保持身心的纯洁，并不是一件容易的事，这需要一颗淡定的心、一个清醒的头脑，坦然面对世间的事物，放弃眼前的私利，认清潜在的危险，不让眼睛被物质生活完全蒙蔽，不让心灵布满灰尘。

面对诱惑，虽然不能避开，可至少要懂得拒绝。面临选择的时候，应该明白哪些东西才是最珍贵的，若什么都不肯放弃，到头来只会一切成空。要抵得住诱惑，就要时常修剪内心的欲望，做一个心淡如菊的女人。

曼谷的西郊有一座寺院，因为地处偏远，无人问津，香火一直都很冷清。

索克法师在住持圆寂后，接任住持。初来乍到，他围着寺院的周围开始巡视，发现周围的山坡上长满了灌木。因为没有人来打理，那些灌木随心所欲地生长，不但杂乱，还阻塞了人们上山的那条小路。

索克法师立刻找来一把大剪刀，不时地去修剪灌木。寺里的小和尚看到他忙忙碌碌，百思不得其解。经过半年的修剪，原先杂乱的灌木有些被修剪得像鸟，有些像月牙。

这天，一位衣着光鲜的女人说自己烦恼重重，需要到寺院清净两天。索克法师热情地接待了她，并给她让座，奉茶。

女人问法师："怎样才能让自己远离诱惑，不被困扰？"

法师带着女人来到这片灌木丛中，递给她一把剪刀，说："只要你能像我经常修剪灌木这样修剪欲望和贪念，那么自然也就没什么诱惑了。”

女人照做了，很快就发现，那些被修剪过的灌木变得更加好看了。法师问她：“感觉如何？”

女人答：“感觉身心舒展，但好像内心还是难以平静。”

法师说：“无妨，过几天再来吧。”

几天后，女人又来了，她告诉法师：“我还是陷在烦恼之中，不知如何应对？”

法师仍旧让她修剪那些灌木，并告诉她：“经常修剪就好了。”她与法师约定，5天后继续来这里修剪，就这样，两个月过去了，那颗灌木已经被她修剪成一朵花的形状。

法师问她：“是否远离了诱惑？”

女人面带愧色，对法师说：“恕我愚钝，每次在这里修剪的时候，我都能心神安宁。可是回到我的圈子里，所有的事情都恢复常态了。”

法师笑着说：“施主你可知我为何让你修剪树木？我只是想让你看到，诱惑就像这些灌木一样，在你走后又不停地生长，那么我们要做的，就是不时地修剪欲望和贪念，把它变成风景，而不是任其自然。对于诱惑，若不能敬而远之，便将自己的欲望好好修剪，这样就不会成为心灵枷锁。”女人听后，恍然大悟。

此后，随着越来越多的香客到来，寺院周围的灌木也一次又一次被修剪成各种形状。这里香火日渐鼎盛起来。

诱惑是一种慢性毒药，也许前方是万劫不复，也许是万丈深渊，只是外表包上了美好的糖衣，才让人无法自拔。幸福的女人不是从没有遇到过诱惑，而是她们懂得让自己远离诱惑，不被那些鲜艳的外表迷惑，不去触碰罢了。只有懂得拒绝诱惑的女人，心灵才会纯洁而高远，生命才会丰盈而美丽。

**要抵得住诱惑，就要时常修剪内心的欲望，做一个心淡如菊的女人。**

# 在平淡的日子里感受快乐

源律禅师问慧海禅师："禅师，你有没有什么与众不同的地方?"

慧海答："有。我饿的时候就吃饭，困的时候就睡觉。"

源律说："这算什么与众不同的地方呢？每个人都是这样的，有什么区别吗？"

慧海答："当然不一样。很多人，吃饭时总是想着别的事情，不专心吃饭；睡觉时总是做梦，睡不安稳。而我吃饭就是吃饭，什么也不想；睡觉时从不做梦，睡得安稳。"

慧海禅师虽未至言，可言辞间透露出的，却是他的淡定与从容，而吃饭、睡觉时均无法专心的凡人，显然都是因为心浮气躁，难以安定。

不得不说，浮躁已经成了现代生活的一种基调，理智被浮躁打败，智慧被浮躁淹没，情绪被浮躁吞噬，多少女人在匆忙地追赶着生活，坐立难安，焦躁万分。海子所言的那种生活——"从明天起，做一个幸福的人，喂马、劈柴，周游世界！从明天起，关心粮食和蔬菜，我有一所房子，面朝大海，春暖花开”，着实已经成了一种奢望。

20多年前，她大学毕业，被分到离县城100多里的小学任教。那时候生活艰苦，没有菜市场，没有超市，没有杂货店小卖部，一周的饭菜都要从自己家里带去，吃的东西也很简单，只有馒头和咸菜。村里没有电视、没有电脑、没有手机，一天只有一趟车进出，路面坑坑洼洼。唯一的乐趣，就是把自己带去的那几本名著翻来翻去，最后翻得都不像样子了。

她说，那时候特别羡慕别人进城。

终于，她也熬出了头，被调到城市里的学校。再看那些依然在乡下的同事朋友，她心里不免滋生了一些优越感。后来，日子越来越好的时候，周围高楼大厦拔地而起，整个世界都在变化。宽阔的柏油马路和来来往往的车辆，将城市装饰得无比华丽，像梦境中一般美好，而夜晚的灯红酒绿，又让人多了几分迷茫。

此时，为人所羡慕的已经不是她们这些端着“铁饭碗”的人了，而是那些下海经商赚了大钱的人。她认识的朋友中，有人南下经商，赚了一个盆丰钵满，再看自己拿着的那点死工资，她心里不免有些失衡。

这些年来，她的心一直没有平静过。不管是在乡下任教过着苦日子时，还是调回城里分了房子、涨了工资后，她始终觉得自己的脚步慢了别人一拍。无奈的是，她把这一切归咎于外界的环境，从未反思过是自己急于求成、攀比之心、欲望贪念，加剧了她的不安和失落。

曾有人说过这样一句话：“浮躁这种情绪具有虚妄性、情绪性、盲动性相交织的特点，属于一种病态心理，它往往会让人失去正确的方向，让梦想成为不了现实。”

一个虔诚的妇人终日拜祭神灵，希望神可以帮她完成心愿。终于，神被她感动了，问她：“你求什么呢？”妇人答：“我求心想事成，一帆风顺。”

神从口袋里掏出一个宝瓶，对她说：“这是一个宝瓶，如同你的心一样。当你静下心时，它就会帮你达成心愿；如果你急于求成，心浮气躁，它会让你一无所有。”说完，神就走了。

妇人半信半疑，但谨记着神的话，尽量保持心态平和。她试着幻想一桌饭菜，果然一桌丰盛可口的饭菜出现在她眼前。她没有得意忘形，又想着变出一袋金钱，很快一袋金钱便掉在她的脚下。之后，她让宝瓶变出豪宅，一切都应验了。

这时，她已经有些按捺不住内心的喜悦了，又让宝瓶给自己变出马车、财物和仆人，她的欲望越来越多，心也开始飘飘然。当一切想象出现在眼前时，她激动地拿着宝瓶手舞足蹈起来，不料一个踉跄，连人带瓶都跌倒在地。宝瓶碎了，那些豪宅、马车、美食、仆人，也在一瞬间消失殆尽了。

静下心来，不慌不躁，心想事成并不是太难的事，只要你熬得起、忍得住，一步一个脚印地走，抵达终点是迟早的事。可是，一旦心浮躁了，难以控制情绪的时候，原本美好的事情，也会朝着糟糕的方向发展。所以，越是身处浮躁之中，越要保持内心的宁静，没有一份沉稳、踏实做事的心态，急躁沉不住气，即便目标再高远、理想再崇高，也不过是水中花、镜中月。

漫漫人生之路，女人要学会静心，不被浮躁迷惑双眼和心智。努力使自己的内心平和而不动荡，宁静而不浮华，专注而不躁动，博学而不粗鄙。就如一位教育家所说的那样：“我们要用平平常常的心态、高高兴兴的情绪，快节奏、高效率地多做平平凡凡、实实在在的事情。学会把平凡的、实在的事情做得有滋有味、有声有色、如诗如画、如舞如歌。”

**静下心来，不慌不躁，心想事成并不是太难的事，只要你熬得起、忍得住，一步一个脚印地走，抵达终点是迟早的事。**

## 不慌不忙，走稳自己的步伐

卡耐基在写给女人的箴言中，这样说道：“发现你自己，你就是你。记住，地球上没有和你一样的人……在这个世界上，你是一种独特的存在。你只能以自己的方式歌唱，只能以自己的方式绘画。你是你的经验、你的环境、你的遗传造就的你。不论好坏与否，你只能耕耘自己的小园地；不论好坏与否，你只能在生命的乐章中奏出自己的发音符。”

世上找不到完美无瑕的女人，美好的女人却存在于生活中的各个角落。她们的美好无关外表、无关出身，只关乎内心：漂亮也好，平庸也罢，始终都能用欣赏的目光看待自己，不会厌恶，不会贬低，即便自身有某些缺点和瑕疵，也可以平和坦然地接受它，善待它，将其视为生命中的一部分。

在偌大而寂静的讲堂里，所有人的目光都聚集在一个女人的身上。

她站在讲台上，有时仰着头，脖子伸得很长，和尖尖的下巴形成一条直线；有时她会张着嘴巴，眼睛眯成一个缝，注视着台下的听众。偶尔，发出咿咿呀呀的声音，没有人知道她在讲什么，她基本上是个不会说话的人。不过，她的听力特别好，但凡有人猜中了她的意思，她就会高兴得拍着手，叫一声，然后举起一张明信片，告诉对方他答对了，可以获得这个奖品。

这不是什么表演，而是一场别开生面的演讲，是她巡回演讲的第三站。从小患有脑性麻痹的她，不幸被夺去了肢体的平衡和说话能力。20多年来，她一直活在行动不便和他人异样的目光里，她的成长是一部心酸的小说。庆幸的是，疾病和痛苦并没有给她的心理造成阴影，乐观的她微笑着面对所有，还拿到了美国某知名大学的博士学位。她用双手做画笔，用色彩传递心声，告诉世人她活出了生命的精彩。

在自由发问的环节中，一位学生提出了一个尖锐的问题："您长成这个样子，心里有没有怨恨过？或者说，您有没有羡慕过其他正常的人？"此问题一出，台下的人便窃窃私语，似乎在指责提问者太过分，直戳别人的痛处。

对此，她并没有生气，一脸平和。她先是在电脑上打了一行字，投射在屏幕上，表示她听明白了对方的意思："我怎么看我自己？"稍停了片刻，她看着发问的学生，嫣然一笑，又继续低头打字："我很漂亮，我的腿很修长、很美丽，我的父母都很爱我，我会写文章，会画画……"

看到这样的回答，台下寂静一片，所有人都沉默了，不再有交头接耳的声音。对于这个话题，她最后写了一句："我只看我所有的，不看我所没有的。”

或许，在外人看来，她的人生是残缺的，有着太多的遗憾。可在她看来，这些并不能阻碍她享受生活、享受精彩的生命。她从来不去羡慕别人，更不会用他人的标尺来衡量自己，即使面对讥讽和嘲笑，也依然笑靥如花，努力发现自己的美好。单单这一点，许多身心健全的女人都未必能够做到，尤其是那些眼睛只顾盯着别人，内心对自己充满怀疑和否定，小心翼翼地活着，害怕别人挑剔的目光的女人，失去了自由奔放的个性，自卑自怜、自暴自弃。

欣赏自己所有的，不仅仅是在外表上接纳自己，更重要的是欣赏自己的生活。生命的旅程只有一次，生活也只属于自己，每个女人都有令人羡慕的东西，也有不完美的缺憾。正所谓：人生失意无南北，宫殿里也会有悲恸，茅屋同样也会有笑声。不要把生命浪费在与别人的对比上，欣赏你所拥有的一切，放下心灵的负担，仔细品味眼下的生活，就不会轻易动怒和沮丧了。

一位年轻的妈妈带女儿在沙滩上散步，小孩儿开心地捡贝壳，那些贝壳在她眼里都是美丽的。再看妈妈，却是一脸愁容。想到丈夫赚钱不多，自己全职带孩子，想给女儿多买点东西，却还得精打细算，翻翻钱包看还剩下多少。这样的日子，让她觉得很憋屈，她不由得羡慕起那些有钱人来。

女儿把捡来的贝壳拿给她看，她却一一地给挑了出去，挑剔地说：“这个颜色不好，这个形状不好，往前走吧，还有更好的呢！”糟糕的是，女儿一边捡，她一边说：“还有更好的。”最后，弄得女儿有些不高兴了，嘟着小嘴说道：“妈妈，你为什么说每个贝壳都不好看呢？那都是我捡来的，它们长得都不一样……”

看着女儿天真的笑脸，她顿时有些惭愧：也许孩子捡到的不是最美丽的贝壳，可她心里是快乐的，为什么非要让她把那些贝壳进行比较呢？每个贝壳都有不同的花纹，都可以谱写不同的故事，自己习惯了比较，也潜移默化地把这种思想带给了孩子，实在不应该。

是的，只看自己拥有的，不羡慕，不攀比，不为别人活，只为自己活，必会少了诸多烦恼。就像那春寒料峭中绽开的冰凌花，虽不及牡丹那般得人宠爱，却仍然义无反顾地迎着寒风倔强地开放，至香至色，只愿与清寒相伴。生活亦是如此，只要自己活得有滋有味，不必太介怀那些外物，更不必去比较，从别人的生活中走出来，一步一个脚印地走自己的路。当有一天，蓦然回首的时候，就会惊喜地发现，自己走过的地方也是一片怡人的风景。

**只看自己拥有的，不羡慕，不攀比，不为别人活，只为自己活，必会少了诸多烦恼。**

# Chapter5

## 心平气和，故而从容

我和谁都不争，和谁争我都不屑。简朴的生活、高贵的灵魂是人生的至高境界。

——杨绛

## 辗转曲折是岁月的常态

80后，单身北漂，这是女孩宸宸给自己贴上的标签，也是她的生活现状。

从家乡小镇考入北京的大学，一路的艰辛历历在目。她逃离了那个狭小而闭塞的小镇，目睹了城市的灯红酒绿，她厌烦这里的拥挤和匆忙的生活节奏，却也眷恋着这里的繁华和机遇。她想，终有一天，会在这个城市里落脚，拥有属于自己的立足之地。

现实是残酷的。毕业后，还没容得她把未来的种种憧憬一遍，找工作就成了摆在眼前的难题。她跑遍了招聘会，投了N多份简历，满城市倒腾，两个月下来，却连一个录用的单位也没遇见。这里的竞争太激烈了，本科生、研究生、海归遍地都是，有经验的、有背景的比比皆是，而她，只是一个初出茅庐、没有任何资历的普通女大学生。

她住在最简陋的房子里，那是城乡结合部的一个蚁族聚集地，住的多数都是北漂的年轻人。这里的小房间，每个月只需要200多块钱，只是院子里没有公共卫生间和浴池，全都要到外面的公厕和大众浴池。附近有小餐馆，价格不贵，她也好歹能够承受。可是，一天没有工作，就入不敷出，眼见着口袋里的钱越来越少，又不好意思再开口向父母要，她心里也很烦躁。

她决定，降低要求，只要先找到一份能养活自己的工作就行，至于理想的工作，慢慢来吧！最后，她找到了一家培训机构做招生专员，月工资1500元。不管怎样，这份工作，这点工资，可以维持生活，她很快就入职了。

一晃，时间过去了两年。两年里，她从一个懵懂无知的小女生，蜕变成一个有经验的市场专员。她的工资，也从最初的1500元，翻了三倍之多。不过，宸宸知道，这只是一个跳板、一段历程，并非她真正想要的东西。

当生活已经趋于稳定时，她辞职了，又开始寻觅理想。后来，她进入一家广告公司做客户执行，工资不如做销售时赚得多，可她乐此不疲。她说："总有一天，我会成为一名广告设计师，但前提是，我必须先进入这个行业。"

有朋友说，宸宸分明是在走弯路，如果早想做这份工作，第一份工作就该本着这个行业来选择。现在再重新开始，岂不是耽误了两年的时间吗？

宸宸不语，她还记得上大学时，哲学老师把一幅中国地图展开，问："图上的河流有什么特点？"当时，大家都说："图上的河流不是直线，都是弯弯的曲线。"

哲学老师问："河流为什么不走直线，偏要走弯路？"一时间，答案五花八门。有人说，弯路是为了拉长流程，河流能拥有更大的力量，这样夏季洪水来临时，就不会水满为患；还有人说，流程拉长后，每个单位河段的流量相对减少，河水对河床的冲击力也随之减弱，可以有效地保护河床。

哲学老师说，这些答案都没错，但最根本的原因不在于此。他说："走弯路是自然界的常态，走直路反而是非常态。因为，河流往前走时会遇到各种各样的障碍，无法逾越，只能绕道而行，绕来绕去，避过了一道道障碍，最终抵达遥远的大海。"

这堂课，给宸宸留下了深刻的印象。其实，她何尝不想一步到位，可生活有时不会给你那么多的时间，也不会让你一开始就如愿以偿。想起最初求职时那一次次碰壁的经历，想起那越来越瘪的口袋，她知道，在理想和生存面前，她只能先选择生存，后考虑理想。也许，这是一条弯路，却也是非走不可的弯路。

黄桐在《人生总要慢慢熬》里写过这样一句话："通往理想的道路，是一条蜿蜿蜒蜒、曲曲折折的小径。有时候，我们在这条路上绕来绕去，以为永远达不到理想，其实已经非常靠近目标。"

不摔跤，没有疼痛的感觉，又怎么能学会在未来的路上小心翼翼，防止摔跤？不迷路，没有尝试过无路可走的滋味，又怎么能学会在下一次如何认清方向？没有经历黑夜，又怎么会有对光明无限的渴求与期待？没有经受过暴风雨的侵袭，又怎么会有雨过天晴、阳光明媚的炫彩？

辗转曲折，本就是岁月的常态。走弯路会费时费力，可谁能保证那康庄大道不是开凿于陡峭的悬崖，谁能断言那通幽的曲径不是通往那成功的巅峰？弯路，是求索中别样的风景。

当感情上遇到麻烦时，别抱怨自己命运不济、遇人不淑。早有人说过，爱情是一件百转千回的事，若不经历分离、背叛、痛苦，或许就不会懂得平淡是真，细水长流；当事业遇到坎坷时，把曲折视为一种常态，不要悲观，不要长吁短叹，不要停滞不前，把走弯路视为前行的另一种形式、另一条途径，那你就能够像那些走弯路的河流一样，抵达心中的理想港湾。

但愿，每个女人都能早点明白这一真相。别怕路弯弯，别怕路漫漫。要知道，太容易走的路，可能根本就无法带你去任何地方。生活从来都不是一件容易的事，成长成熟的过程注定会有伤痛和阻挠，谁都如是。

**生活从来都不是一件容易的事，成长成熟的过程注定会有伤痛和阻挠，谁都如是。**

## 把经历当成上天的恩赐

“当我彻底对听力世界绝望时，只剩下了面对人生的勇气。”

她出生在陕西省一个小县城的农村，父母都是老老实实的农民。到了两岁，她才学会说话。生活在农村的一家人，以为她只是说话晚，怎么也没有想到这其实是噩梦的前兆。

可怕的噩梦发生在她就读初二的那一年。几乎就在短短两周的时间里，她的听力就逐渐丧失了。她喜欢听英语，可是有一天，她突然发现，自己竟然什么都听不到了。一下子置身于无声的世界里，对她而言，不是问题的问题全都成了问题。

休学治病的日子里，街坊四邻、亲朋好友都来慰问，意思是劝她放弃学业。父母什么都没有说，她明白父母沉默背后的用意。几年前，哥哥试图退学时，父亲坚决不同意，他的那句话至今让她记忆犹新：“只要你们两个不在农村待。家要站起来，全指望你们两个呢！”

家里的贫困程度，她不想多言，如今自己又生了这样的病，根本就是雪上加霜。那一年，家里卖西瓜、卖棉花的钱，全花在给她治病上了，最多的时候，一天就花了一万块钱。可她的耳朵，依然是一片寂静。

父亲本就不善言辞，而今更加沉默了。她经常看到，父亲独自一人关在房间里，不开灯，闷闷地抽着烟。以前，他偶尔还会抽盒装的香烟，现在，抽的全是用烟纸卷的烟叶。她心痛万分，断绝了治好病的希望，哭着对父亲说："只要让我回学校，我什么都不要了。"

同龄人的困难，也许是永远想不明白的数学题，也许是父母的不理解，也许是突如其来的友情变故。可对她而言，任何学业和生活上的困难，都不可怕。当她对重新听到这个世界失去了期待之后，剩下的只有直面人生的勇气。

无声的日子里，她从"听课"变成了"看课"。看着老师的嘴型，猜测对方说的内容。到了高中之后，学科多了，内容复杂了，老师讲课的速度也快了，看口形的难度无疑也增加了。听课偶尔会跟不上，她便在课下请教同学。

说起这段经历，她内心充满了感激。"我记得后来给我讲题的人形成了一个团队，而大多数时候都是他们在帮助我。"朋友们时常变着法儿地给她讲解，一直到最容易让她理解的方法出现为止。不知不觉，这个小团队就发现了最方便的解题法。每当她理解一道题目时，朋友们就会打出这样的手势：大拇指一个搭一个往上伸，形成"天梯"，这个有趣的手势还有另外一层含义——你很棒，继续加油！

就这样，她和这些帮助自己的人一起进步着，纷纷都考进了年级里的A班。她说："以前我不相信自己能为别人带来什么，可随着成绩的提高，我发现分享学习方法也是个不错的选择。每个人总会有一些东西可以给予别人。哪怕残疾，你仍然拥有宝贵的东西，比如积极乐观的生活态度、好的学习方法。”

最难熬、最有意义的日子，还是高三。宿舍楼的下面，有一间宿管阿姨的值班室，这个值班室本来不开放，因为她治疗用的仪器需要用电，阿姨就对她暂时开放了。后来很多同学觉得这个地方不错，慢慢地就聚集了七八个人挤在一块儿写作业。再后来，一个同学不小心把门把手拉坏了，一直没人来修，冬天刮风下雪，房间里特别冷，很多同学不来了，最后就只剩下了她一个人。她用厚毯子把自己裹起来，但仍抵挡不住严寒，“腿差点冻出毛病，但一写字就不管那么多了”。每晚学习结束后，她都不会忘了把值班室打扫一番。

值班室里的日子让她刻骨铭心，她后来在日记里写道：“值班室的门外飘着雪花，柱子上滴下来的水被冻结成了冰柱，我静静地匍匐在桌子上，手不停地翻动着书页，笔不停地书写。我尽量不浪费每一分钟，直至深夜。当我在12点蹒跚上楼的时候，五层大楼的灯光已逐渐熄灭，走廊里昏黄的灯光将我的身影拉长、缩短、再拉长，无声地目睹着我回宿舍的路……”

父母得知女儿的状况，不忍让她一辈子活在无声的世界里。他们筹钱给她治病，终于在高二那年，她在复旦大学附属眼耳鼻喉医院做了人工耳蜗移植手术，恢复了部分听力。对她来说，这可谓是最珍贵的礼物。靠着这一点点听力，她每天晚上都要听半小时的英语。

天道酬勤。这个不肯向命运低头的女孩，最终以639分的成绩，迈进了复旦大学的校门。她说：“我从来没有走出过生活的县城，一出县城，就来到了上海。”大学的第一个假期，她就进入一家公司的客户部实习，每天能拿到75元的补助。虽然艰辛，可她依然笑着坚持。

她说：“很少摘抄名人名言，因为我觉得自己做到了。不过，我还是很喜欢贝多芬的那句话，它也是我一辈子的座右铭——我要扼住命运的咽喉。”

生活的路，从来都是磕磕绊绊，惊惊险险。任何女人都难以预料，未来的某天自己会经受怎样的磨难，体会何种的生活滋味，但不管怎样，一颗坚强不服输的心，永远不能少。因为，最使人颓废的往往不是前途的坎坷，而是自信的丧失；最使人痛苦的往往不是生活的不幸，而是你希望的破灭；最使人绝望的往往不是挫折的打击，而是心灵的死亡。

马丁曾经说过：“财富不是看你获得了多少、拥有了多少，而是看你经历了什么，用什么样的姿态去面对自己的前路。”

许多经历，在当时的那一刻看来，或许是天塌地陷般的灾难；可是，咬着牙走过了，再回首时，却发现那才是人生最宝贵的一段时光。因为，是它让你的灵魂变得坚韧，让你的人生变得富足。

**“财富不是看你获得了多少、拥有了多少，而是看你经历了什么，用什么样的姿态去面对自己的前路。”**

## 不苛求别人，不刻薄自己

心理学家指出，无休止地苛求自己或者向他人施加压力，都是对一个人的精神施暴。

有一个13岁的小女孩，从小到大备受宠爱，是家长眼中的乖乖女。在学校，她的成绩一直名列前茅，可谓是老师和同学们眼中的宠儿。一次考试中，她因为迟到被老师狠狠地批评一顿，并取消了考试资格。从那以后，她的成绩一落千丈，也不与人说话，有时候还会莫名其妙地哭和傻笑。回到家里，她经常关在房间里不出来，偶尔还会玩“失踪”。这样的情况越来越严重，导致她无法将学业进行下去。

父母心疼孩子，又觉得不解，只好将其送进医院检查。这才知道，女孩是因为压力太大，得了严重的精神分裂症。父母和老师都痛心疾首，后悔不已。那位批评过她的老师，更是无言以对。她说，其实自己很喜欢那个小女孩，只不过那是一次联考，对她抱的期望很高，见她迟到就严厉地批评了她，希望她记住这次教训，没想到竟然会这样……

这样一个听话的孩子，她的思想里被灌输的都是鼓励和赞扬的话语，所有人都很喜欢她，她觉得自己应该处于一个被人时刻夸奖的地位。父母和老师对她苛求完美，而她也认为理所应当。突然间，老师意外地批评了她，她从心理上根本无法接受，以至于精神崩溃。

生活中，做人做事不必太苛求，对自己、对他人，都该给予一点包容和谅解。月有阴晴圆缺，人有悲欢离合，不完美的人生才有空间让我们继续改进。尤其是对自己，不要人为地背上各种各样的“枷锁”，也不要为了别人给自己贴上的标签，就委曲求全，为难自己。要知道，不管你怎么努力，也总会有做不到位的地方；不管你怎么小心，也总会有意外会发生。

每个人都是上帝咬过的苹果，因为他不愿意把所有的好处都给一个人。可能，他给了你美貌，却咬掉了几分智慧；也可能，他给了你金钱，又咬掉了几分健康；还可能，他给了你天才，却又咬掉了运气……所以，我们看到的自己总是不完美的、有缺陷的。但是，不完美不代表不美丽，不完美不代表一无是处。

台湾漫画家蔡志忠曾打过一个比喻，他说：人生其实就像橘子一样，有些看上去很完美却淡而无味，有些看上去粗糙却滋味十足，你的人生就该是你自己的，因为只有你自己才能知道其中的味道！确实，人生就像橘子，有的橘子大而酸，有的橘子小而甜。如果只盯着不完美看，那么甭管拿到大的还是小的，都会抱怨；如果能用积极的态度看待，那么拿到小的，他会庆幸是甜的，拿到酸的，他也会开心是大的。

每个女人都该试着接纳自己的一切，将生命中的瑕疵和缺陷视为整体的一部分，用善意和宽容来看待，如此便能够更加安心地对待自己。当你对某件事物感到恐惧和不自信时，不要假装“我不怕”，你可以坦然地面对这一现实并对自己说：“我心里有点担心，不过没关系。”当你萌生了贪婪、嫉妒的情绪，不要否认它们的存在，亦不要埋葬自己的感觉，你可以坦然地告诉自己：“每个人遇到类似的情形，可能都会如此，没关系。”

要知道，苛求美人美人丑，苛求智者智者愚。不要苛求别人，也不要苛求自己。玫瑰虽有刺，却拥有最浪漫的花朵。不要过分在意一些事情，顺其自然，保持最佳的心态，那么每一天都是快乐的。

某记者有一次去外地参加会议，在一个没有电梯的宾馆里，来回奔走四五次，记者感到浑身无力，双腿发麻。而同行的一位老太太，精神焕发，风风火火。记者与她闲谈，才知道原来她是这次会议的特邀嘉宾。记者抱怨宾馆没有电梯，问及老太太为何这么大年纪却还有很好的精神，老太太轻轻一笑：“年轻人，对什么事情都要学会随缘。”

聊起自己的经历，老太太说：“我年轻的时候也想出名、被人敬仰，结果四处碰壁。从30岁开始，我忽然间明白，自己想要的也不过是一碗饭和一个精神栖息的地方，就不再苛求自己了。我早上跑跑步，白天读读书，晚上写写字，与人无争，与己有求但不苛求、不偏激，吃得饱、睡得香。没过几年，我就出版了自己的第一部书，没想到，当初想要的那些东西，竟然全都来了。”

女人无论遇到什么事，只要不跟自己过不去，抱着一种顺其自然的心态，随缘自适，就不会有戾气，也不会消极厌世。人生苦短，没什么是完美的，若能乐观豁达，与己有求却不苛求，就是一种莫大的幸福、莫大的智慧。

人生苦短，没什么是完美的，若能乐观豁达，与己有求却不苛求，就是一种莫大的幸福、莫大的智慧。

## 恨是无济于事的选择

古希腊神话中，有一个英雄叫海格力斯。一天，他在海边发现一个袋子，他不知道那是什么东西，就狠狠地踩上两脚。谁知那东西开始膨胀，越胀越大。

海格力斯恼羞成怒，拿起一块大石头砸它，谁知道那东西竟然长大到把路堵住了。海格力斯更加恼怒了，但是无可奈何。

这时，旁边走来一位神，对海格力斯说："不要再动它了，离开它吧，它叫仇恨袋，你越是碰它，越是砸它，它就越大，与你敌对到底。"

仇恨并不能为任何人带来荣光，仇恨带来的只有痛苦。当然，仇恨不是天生就有的，它是从某件事情中萌生而来的一种负面情绪。也许是某件令人失望的事，也许是某个令人伤心的人，都可能会撒下仇恨的种子，如若不加以清除，它便如杂草一般悄悄生根，疯狂生长。当内心被仇恨占据的时候，幸福便没有了存活的空间。

一位妇人跑到寺庙里，对禅师说："我放不下一些事情。"

“哦，是什么事情呢？”禅师问。

“是仇恨，我恨我的丈夫，我恨我的家庭，我恨身边所有的人，是他们让我生活在痛苦之中。我感觉不到快乐，我的生活只有无边无际的黑暗。”妇人咬牙切齿地说。

“端着这个杯子。”禅师笑着说道。

妇人不明白禅师的用意，却也照做了。禅师开始往杯子里倒开水，杯子满后，禅师接着倒水。开水顺着杯子漫出来，烫到了妇人，妇人猛地松开手。

禅师说：“仇恨在你心里，你以为是别人让你痛苦，实际上，是你自己不肯放下这份痛苦，所以它便围绕着你，令你无法自拔。痛过之后，若能及时放下，也就无事了。”妇人恍然大悟，向禅师道谢后离去。

生活中因爱生恨的例子并不少见，那些被仇恨迷离了双眼的女人，只能得到别人的一句“怒其不幸，哀其不争”。

仇恨是一种重负，女人若不肯放弃仇恨，不能原谅别人，其实就是跟自己过不去。仇恨越多，计较得越多，生活也就越辛苦。黑暗是不能驱走黑暗的，只有光明可以做到；仇恨是不能驱走仇恨的，只有宽恕才能做到。越是执着于仇恨，痛苦越是紧紧跟随；只有放下心中的仇恨袋，幸福才有机会靠近。

曾有这样一篇报道：一个身患癫痫病的中年女人，没读过什么书，因为老伴得了中风不能自理，全家人的生活都靠着她给人洗衣服赚点钱来维持。生活过得挺艰辛，可她觉得很欣慰，毕竟她还有一个优秀的儿子，学业优异，只盼着他早日成材。

天有不测风云，人有旦夕祸福。谁也没想到，她那唯一的儿子在19岁那年参加一场营火晚会时，不幸被一个喝醉酒的少年拿玻璃瓶砸死了。可怜的母亲，连儿子的最后一面都没见到。

丧子之痛，让她万般悲痛，她希望时间的流逝能让自己淡忘痛苦，可是每次一想起儿子那张笑脸，她的心就如被刀子剜一样疼，她不能平静，她恨那个杀害儿子的人。

三年的时间里，她没有一天不在思念自己的儿子，痛苦与日俱增，丝毫没有减少，仇恨也如影随形，折磨得她不知道该怎么办才能让自己舒服点。

直到有一天，她在洗衣服的时候突然想起，那个杀害儿子的“仇人”今年也19岁了，和自己儿子离去的年龄一样。如果儿子还活着，肯定有美好的前程等着他，而“仇人”现在还在看守所，等他回到社会后，还不知道会怎样。将心比心，“仇人”的母亲也一定跟自己一样，终日记挂着孩子。

想到这里，她突然萌生了一个念头：去看守所里探望一下“仇人”。在朋友的安排下，她见到了那位“仇人”。当房间里只有她和“仇人”时，“仇人”突然紧紧抱着她失声痛哭起来，嘴里一直说：“阿姨，对不起，对不起……”那一瞬间，她的心融化了。她觉得，抱着“仇人”就像抱着自己的孩子一样，心里充满了怜悯。就在那一刻，她所有的仇恨都消失了。

待“仇人”情绪平稳下来后，他对她说，以后他愿意像照顾妈妈一样照顾她。她很欣慰，说：“我希望你好好照顾自己的家人，好好活着，连同我儿子的未来也延续下去，有空的时候来看看我就行了。”朴实的她，就这样宽恕了“仇人”。

后来的她，依然每天给人洗衣服，偶尔还会思念儿子，心里却比从前平静多了。

佛说：如何向上，唯有放下。放不下仇恨，必将纠结在痛苦之中，心胸会越来越狭隘，思想越来越浅薄。身上背负着仇恨，生活也就变了颜色和味道，越来越暗淡。

漫漫人生路，难免遇到一些给自己带来刻骨伤痛的人，遭遇一些锥心刺骨、难以释怀的事，不管对方是真的无心伤害，还是有意为之，都不要让仇恨成为心灵的包袱，它会吞噬你对未来生活的希望。你不肯打破仇恨的锁铐，就是在报复自己，曾经的伤害不会从你生命中抹去，一切也无法重新来过。剔除心中的仇恨，不仅仅是对别人的宽恕，更是对心灵的一种救赎。

**越是执着于仇恨，痛苦越是紧紧跟随；只有放下心中的仇恨袋，幸福才有机会靠近。**

## 退一步，你不会失去什么

英国莎士比亚说：你认为是炮弹的，在宽容、慷慨、气度汪洋的人看来，不过是鸟箭。

曾经在一片贫瘠的土地上，有一个年轻而富有的首领，他什么都不缺，却总是很吝啬。

一天，一个陌生的乞讨者来到此地，他说自己是另外一个村子的首领，因为村子发生了地震，没有吃的，只好到这边来替自己的村民求粮。富有的年轻首领和他的村民将乞讨者拒之门外，羞辱了他一番。乞讨者无奈地离开了。

不久，这个富有首领领导的村子发生了饥荒，村民们没有吃的了，富有的首领只好去乞讨。他到处碰壁，最后遇到了那个曾经来过他们村子里乞讨的陌生人。富有的首领无言以对，不料对方却很热情地将他请到自己的家中，并赠送给他粮食和用品。

富有的首领问他："当初我们那样对你，你为何还要帮我？"

陌生人说："冤冤相报何时了！我不相信报复能让生活变得

更好。”

富有的首领热泪盈眶，他终于懂得了这个世界上有比财富更可贵的东西，那就是宽容。

以德报怨，无疑是高尚的行为，要求每一个平凡的女人都做到这样，似乎有点不太现实，毕竟，这需要很高的修为。我们所期盼的，不过是女人在遇事时放弃“以其人之道还治其人之身”的报复心，用宽容的心态来化解矛盾与仇恨。

一位禅师有两名弟子。一天，师傅嘱咐大弟子出去化缘，大弟子下山后得到一袋米，他兴高采烈地往回走，走到刘家庄的时候，发觉肚子痛，于是就放下米，找地方方便去了。等到他回来，看见一群人拿着袋子正在将米装进自己的口袋。他大叫：“不许装，那是我的米。”人群哄的一声散了。

回到寺庙里，大弟子向师傅抱怨道：“刘家庄的人太可恶了，居然瓜分了我的米。我要带着师弟出去讨个公道。”师傅笑笑说：“他们这样做一定是有什么原因，愿佛祖保佑他们。”

不久，二弟子下山化缘。走到刘家庄时不小心摔了腿，被刘家庄的人救起。伤好后，二弟子回到寺庙里，将经过告诉师傅。师傅笑笑说：“大多数人既不大善也不大恶，你若宽容对待他们，他们就表现为善，你若去较真，则不知冤冤相报何时了。”

记得有人说过，人的心情就像一个钱包，情绪累积得多了，这个钱包就合不上了，再往里面放的话，要么钱包撕裂，要么情绪外泄。如果这个钱包里装的全是仇恨呢？那么仇恨自然也会外泄。仇恨的外泄，带给他人的或许是报复，带给自己的有可能就是毁灭。退一步说，纵然你能克制仇恨外泄，那么谁来替你受那份仇恨盈胸的煎熬与折磨呢?

宋朝时，有一个人在23岁时遭人陷害，身陷囹圄困顿9年，后来案情重审，冤情告破，他终于从监狱里获释，重返自由，于是决定去找陷害他的那个人报仇。可是，就在他出狱的那一天，诬陷他的人却在享尽年华后，寿终正寝。从此之后的日子里，他对这份仇恨耿耿于怀。

数十年间，每逢遭遇苦难，他就旧恨复发，内心里充斥着控诉与咒骂：“我的仇敌啊，你在我最灿烂的年华诬陷我，让我不明不白蒙受多年牢狱之灾，让我失去最最珍贵的自由，害得我在那个阴暗潮湿的监狱里受苦受难，冬天寒冷难忍，夏天蚊虫叮咬，9年的时间里，我很少见到阳光，终日阴郁难耐。是可忍，孰不可忍！可是，为什么上天不惩罚那个陷害我的家伙？为何不让他死于非命？即使将他千刀万剐，也难解我心头之恨啊！”

72岁那年，在贫困与病痛的折磨里，他命数将近，卧床不起。就在他弥留之际，家里请来寺里的和尚为他超度，并简要述说了他一生的经历。和尚来到他的床边，说：“施主，但可目空一切，忘掉世间的万象纷扰，抛却尘俗的百般纷争，随我佛西去极乐吧……”和尚话音未落，奄奄一息的他忽然回光返照，并声嘶力竭地叫喊起来：“我恨，我恨啊，我要诅咒，诅咒那个施与我不幸命运的可恶之人！”

和尚一惊，问道：“你受人陷害，监狱困了你多少年？”

他气愤地答道：“9年，人生最最美好的9年啊！”

和尚长叹一声：“我佛慈悲，为何不让我早点开释他？”然后对他说："对于9年的牢狱之灾，我深感同情和难过，但是施主啊，他人陷害使你囚禁了9年，而当你走出牢狱，重获自由，你却用仇恨、抱怨、诅咒囚禁了自己整整40年！"

从尘世走过，遭遇仇恨是难免的，没有爱恨不成世俗，没有好恶不成凡人。每个女人都是世俗的凡人，难免会有情绪失控和钻牛角尖的时候，为此就要学会克制、学会消解，不让旧恨旧恶膨胀到伤人害己的地步。越是拨动心里的仇恨和报复，它们便越发肆虐猖獗，而当你选择遗忘或释解的时候，它们便真的消失得无影无踪了。退一步，让一念，世界会顿时改变。

**英国莎士比亚说：你认为是炮弹的，在宽容、慷慨、气度汪洋的人看来，不过是鸟箭。**

# 比面子更重要的是胸怀

两个人一起学习绘画，感觉小有所成之后，他们分别将自己最好的作品拿出来出售，标价都是1000元，以此看看他人的反响。

一位顾客看到两个人的作品，对他们说了一句同样的话：“你的画应该不值那么多钱吧？”

第一个人听后，并没有太在意，他对自己的画仔细揣摩，觉得自己有进步的空间。于是，他继续耐心地等待，结果以2000元的价格将画卖出了。之后，他不断地改进、不断地提升画技，最终成了有名的画家。

第二个人，面对顾客的尖锐批评，耿耿于怀，只好把自己的画降价到500元，此后一直以卖画为生，过着流浪的生活。他觉得，自己的画真的不值钱，故而一辈子只是个三流画家。

受到批评是一件令人难受的事情，尤其是尖锐的批评。面对他人的苛责挑剔，情绪化的人会愤怒，敏感多思的人会哀怨，悲观消极的人会颓废，积极乐观的人会更理性。生活中，第二类人占了很大一部分，他们承受着来自各个方面的压力，很容易出现心态不稳的状况。别人的一句批评和否定，便让他们耿耿于怀，失去自信，摧毁信念。

女人生而敏感，对批评和指责就更容易往心里去。不管别人的话是好意还是故意，都难免会让她陷入其中，难过好久。遇到心胸狭隘的，会直接把不满写在脸上，记在心里，想着日后如何回击。殊不知，最好的回击不是言语上的回击，也不是行为上的报复，而是合理地认识自己、改变自己、提升自己。

一周前，小杨谈成了一大笔订单。关系亲近一点的同事私下跟她说，她有可能会升职。小杨在公司两年多了，按照资历和业绩，也确实具备了升职的资格。小杨兴奋不已，下班后请那位同事吃了饭，憧憬着美好的未来。

职场是个复杂的地方。与她同寝室的艾琳，在工作上也是个争强好胜的人，明里暗里一直跟小杨较劲，但只限于工作时才这样。工作之外的事，她很少与小杨攀比。她觉得，小杨这个人心胸不够宽阔，就算升职了也未必能成为一个好的管理者，眼里容不下别人。

好话不出门，坏话传千里。很快，这番话就被小杨知道了。听到同事这样评价自己，心里憋了一肚子的火。她觉得，艾琳纯粹是因为嫉妒才这么说。从那以后，小杨怎么看艾琳怎么不顺眼。艾琳叫她一起逛街，她说没有时间；艾琳叫她去健身，她说自己身体不舒服；艾琳邀请她喝茶，她说自己还有事要做。总之，艾琳的千般邀请、万般好意，都被她推辞得一干二净，聪明的艾琳也觉察出了这样的变化，两个人的关系变得很尴尬。

不久之后，公司里果然宣布要做人事调整。让小杨意外的是，她中意的那个职位，竟然被艾琳占了。可想而知，她心里对艾琳更是不满了。其实，升职的事经理早就跟艾琳谈过，她也早知道了，只是一直都很低调，没有表露出来。小杨以为做成了一单生意就能升职，完全是她个人一厢情愿的猜想。

艾琳要出差，麻烦小杨帮忙照看一下她养的鱼和小狗，想趁机缓和一下气氛。小杨表面上答应了，实际上却一点也不愿意帮忙。艾琳走后，小杨故意不给金鱼换水、喂食，偶尔想起来才给小狗喂食、饮水。等艾琳出差快回来了，她才把鱼缸里的水换了，可这时金鱼明显都打蔫了，小狗也瘦了不少。

回家之后，看到眼前的一切，艾琳立刻都明白了，小杨是在报复自己。她实在没想到，小杨竟然心胸狭窄到了这样的地步。艾琳本就是个心直口快的人，把心里的话一股脑全说了，包括小杨的狭隘。小杨无话可说，她知道自己做得有些过分，可碍于面子，她就是不肯跟艾琳道歉认错。

小杨心里也明白，自己就是痛恨艾琳的那句评价，说自己心胸不够宽阔。可现在，她也不得不承认，艾琳说得没错，自己确实是小肚鸡肠，心胸狭隘，否则不至于弄到这种地步。心里装的事多了，在工作上就难免分心走神，很长一段时间，小杨都没有进入工作状况，还时常出错，把客户的资料弄混、弄丢，被经理批了好几次。

其实，整件事说白了，不就是因为别人的一句不太中听的评价吗？有则改之，无则加勉，很简单的事。偏偏小杨太较真，只想听奉承话，听不进批评和忠告，哪怕别人的话说的是事实。最终的结果呢？还不是毁了自己。

诚然，每个女人都希望得到别人的尊重，爱面子、要尊严，可比面子更重要的是，宽阔的心胸和接纳的姿态。就算是面对尖锐的批评，也不要记挂心里，耿耿于怀，要学会微笑道谢，真心接受，不卑不亢的态度会让你看起来更沉稳、更值得尊重。不为小事计较，心态才能安稳，人生的道路才会越走越宽广。

**不为小事计较，心态才能安稳，人生的道路才会越走越宽广。**

## 敢去爱，也要敢放开

在寺庙的横梁上有只蜘蛛，受香火熏陶，便有了佛性。

一日，佛祖光临寺庙体察民情，解脱世人，离开寺庙时，不经意间发现了横梁上的蜘蛛，即说：“缘让我抬眼望你，察你有千年佛性，我便与你禅对如何？”

得与佛祖说禅论道，真是福分所致，蜘蛛连忙答应。

佛问：“世间最珍贵的是什么？”蜘蛛答：“得不到和已失去。”佛祖点点头，离开了。

时光飞度，又过千年。佛祖再次来与蜘蛛禅对，问道：“别来无恙，关于千年前那个问题，有何参悟？”蜘蛛费解，答道：“得不到和已失去。”佛祖说：“再悟，再见。”

又过千年，一日，大风将一滴甘露吹落到蛛网上。蜘蛛凝望甘露，见它通体晶莹，漂亮诱人，百看不厌，顿生爱意。几日间，蜘蛛的心思全被甘露所占据，爱欲情愫陡增。突然，一阵长风又将甘露从蛛网上吹走了。蜘蛛面对这突如其来的失去，顿觉肝肠寸断，愁肠苦结，寂寞难过侵占了她所有心思。这时佛祖又来问蜘蛛：“蜘蛛，千年又过，可悟出世间什么最珍贵？”蜘蛛怀想甘露，情难自禁，痛苦地对佛祖说：“还是得不到和已失去。”佛祖说：“看来你执迷又甚，那我就度你一度，让你到人间走一遭吧。”

于是，蜘蛛投胎到一个官宦家庭，成为富家小姐，名为蛛儿。一晃，蛛儿已到了二八年华，婀娜长成，楚楚动人。一日，京城科举，一为名叫甘鹿的俊朗才子桂宫折冠，得中新科状元，皇帝意欲褒奖，决定在宫闱花园大摆筵宴为他庆贺，并邀来自己的掌上明珠长风公主和许多王侯将相家的妙龄少女，蛛儿也在其列。状元郎在席间大献才艺，诗词曲赋样样精通，在场少女无不心仪。蛛儿认定这是佛祖赐予她的姻缘，因此志得意满。

时日不久，蛛儿陪同母亲上香拜佛，巧遇也来上香的甘鹿及其母亲。两位母亲一见如故，相谈甚欢，蛛儿和甘鹿便也在一旁聊起天。蛛儿很激动，心想我佛慈悲，赐此良机，可是聊天中，甘鹿对她并无爱慕情愫。蛛儿便问甘鹿：“你难道不曾记得十六年前，你在蛛网之上的事情了吗？”甘鹿诧异道：“何来此言？莫非蛛儿姑娘在白日说梦吗？”说罢，便和母亲离开了。

蛛儿心想，佛祖既然赐我姻缘，为何不让他倾心于我，偏要消解了他前世的记忆呢？几日后，皇帝诏命新科状元甘鹿和长风公主完婚，蛛儿与太子芝草完婚。蛛儿获悉犹如万箭穿心，她百思不解，佛祖为何如此戏弄于她？

她万念俱灰，不吃不喝，苦思穷究。就在她灵魂快要出窍，奄奄一息时，太子芝草获报，急忙赶来，扑倒床边，说道：“那日，后花园偶一见，便对你一见钟情，如果你死了，那么我也就不活了。”说着即抽剑准备自刎。就在这时，佛祖来了，对蛛儿的灵魂说：“蜘蛛，甘露（甘鹿）是长风（长风公主）带来的，也将随长风而去。甘鹿是属于长风的，他不过是你生命中的插曲。而太子芝草即是当年寺前的一株小草，他守候了你三千年，爱慕了你三千年，但你从未感知过他的存在。蜘蛛，我再来问你，什么是最珍贵的？”

蜘蛛闻听真相后，大彻大悟，对佛祖说：“世间最珍贵的不是‘得不到’和‘已失去’，而是现在能把握的幸福！”刚说完，佛祖就离开了，蛛儿醒来，看到正要自刎的芝草，马上打落宝剑，拥抱住对她一往情深的太子……

读完故事，也许有人还会为蛛儿得不到甘鹿而叹息，其实，我们不妨想一想，即便强求得到了又能如何？还不是剃头挑子一头热，难有真正的幸福可言。一山望着一山高，盲目攀比，强求盲争，痴痴贪念那些得不到的和已失去的，无非是自寻烦恼。

几年前，莫莫认识了伟，他满足了她对完美情人的所有想象，可她也知道，她和伟是不可能在一起的。凭女人的第六感，她察觉到自己不是伟喜欢的人，他对自己也从未有过爱恋的感觉，更重要的是，她与伟的家庭背景相差甚远，两人性格也不太合适。

感情若能说放就放，那么世间会少了很多痛苦。莫莫走不出伟的影子，她依然恋着过去和伟一同走过的日子，希望他对自己一如从前，哪怕不是爱，只是陪伴。当那些追求她的人、真爱她的人站在她面前的时候，她还是视而不见。直到伟宣布结婚的消息，莫莫的心才彻底冷了。

她借故避开了伟的婚礼，害怕自己会失态。她窝在家里看电影、看博客，其实根本就心不在焉。无意间，她打开伟的博客，看到他分享了一则故事——

每天蜜蜂都会到花园，直奔着一朵玫瑰花飞过去，拼命地吮吸着花蜜。那朵玫瑰花颜色艳丽，花蜜甘甜可口，让蜜蜂沉醉不已，流连忘返。对于蜜蜂来说，如果每天能够从它身上吮吸一点花蜜，那就是这一生最大的幸福。

然而，一场大雨之后，那朵盛开已久的玫瑰花凋零了。蜜蜂像平日里一样，又落在玫瑰的花心上，它拼命地吮吸着，可这一次它尝到的不是花蜜，而是毒汁。蜜蜂心里很清楚，因为花蜜的味道是甜的，而毒汁是苦的，可它就是不甘心，也不舍得离开，它只是一边吮吸一边抱怨，为什么花蜜的味道和从前不一样了。

终于有一天，蜂蜜不知道为何故，扇动着翅膀飞高了一点。这时候，蜜蜂才发现，原来那朵枯萎的玫瑰花旁边，开满了鲜花，只是它一直以来都忽略了。

莫莫愣住了，顿时思绪万千。她觉得，自己不正是那只蜜蜂吗？认准了一朵玫瑰，纵然它已经凋零，却还在吮吸着毒汁。她想了很多，真正的洒脱和随缘，不是两个人不合适就不去开始，而是知道两个人不合适就果断地放下，不再让他纠缠自己的心。

曾有一首歌是这样唱的：放弃是一首流浪的歌，低回吟唱在心头，是失意的人生充满振臂而呼的自信；使跌倒的信念重新拔地而起；使消沉的斗志面向晨曦喷薄而出；使世俗的纷争化干戈为玉帛……

感情的世界里，得不到的，或是已失去的，都试着放手吧！别再苦苦折磨自己了，人生的路很长，谁也无法预知明天，也不知道未来还有谁在等着你。学会放开昨日的一切，敞开心扉迎接明天，也许幸福就在不远的地方等着你。

**学会放开昨日的一切，敞开心扉迎接明天，也许幸福就在不远的地方等着你。**

## 人生无完美，何必苦追寻

37岁了，她还未出阁。这些年来，周围的亲戚朋友给她介绍的对象不知有多少，可那些人最后一个接着一个从她生命中消失了，唯独剩下她自己，独守寂寞。和她相亲的那些男士中，很多人大体条件都不错，但她每跟对方接触一两次，便以对方的某些问题而拒绝再见。

几年前，她遇到了一个外形、性格、职业都比较符合心意的男士。第一次见面后，对方发短信给她，不知道是情急还是疏忽，对方的短信里有几个错字。看到那几个错字，她心里很不舒服，总觉得对方在生活里肯是个“马大哈”，而且连字都拼错的人，肯定也没什么文化内涵。就这样，她拒绝了那位男士，一段本来有可能发展的恋情就此终结。

见她如此“挑剔”，便很少再有人给她介绍对象了。其实，在旁观者看来，她挑剔的那些问题，根本就算不上问题，比如“约会时对方的头发有点凌乱”“吃饭时他竟然都没有让让我”“临走时没有把我送到车站，就只是说话道别”……用她母亲的话说：“谁还没有个疏忽大意的时候？你如此不容人，即便将来生活在一起了，谁又受得了你的个性呢？”

的确，她的苛刻不只是对伴侣的吹毛求疵，她是挑剔一切的专家。

每天早起，她都要换一身干净整洁的衣服，对颜色和配饰的搭配都很认真，然后再花费一个多小时来化妆，即便周末也不例外。她不允许自己素面朝天地出现在任何人面前，因为她要保持一个完美的自我形象。如果有一天不凑巧，她的粉底没有了，她会觉得一整天都不舒服，别人多看她一眼，她便认定对方是在看她脸上没有遮盖住的几个小雀斑，烦躁不已。

面对工作，她也希望把所有的事情都做到完美，每一个环节都不能出错。所以，她对错误异常敏感，任何一个细小的差错她都会立即觉察出来，而且要马上纠正，如果不这么做，她心里就会感到焦躁。她心里有很多原则和标准，她习惯用这些原则和标准去度量每一件事，如果完全符合，她就觉得完美，如果稍有差池，她就会紧张不安。

她做事喜欢制订计划，而且喜欢编排顺序，然后按部就班地执行。走进她的办公室，你会发现所有的摆放都很有规则，只要别人动了她的东西，她就会不乐意，因为她不想别人破坏她的这种规则。若是她自己安排好的事突然被人打断了，她会非常不适应，甚至很生气。在这个发展迅速的商业化社会，谁都知道要调整自己来适应环境，而这件事放在她身上，却难如登天。

不得不说，这种对细枝末节无比在意的完美主义情结，让她过得很小心、很谨慎，也很不开心。周围的人对她也是敬而远之，因为没有人知道什么时候做的什么事就触犯了她的“规则”，让她像火山喷发一样大发雷霆，那种尴尬的局面，简直让人想找个地缝钻进去。

那些细小到完全可以忽略的缺憾，遮蔽了她审美的眼睛，让她把目光停留在不完美上，忽略了周围其他美好之处，终日沉浸在挑剔和纠结中。或许，她已经习惯了这样的生活方式，虽然知道自己过得很疲惫，却察觉不出问题出在哪儿，但置身事外的我们，是否该从中得到点启示呢?

背负着如此沉重的精神包袱，抱着一种不正确和不合逻辑的态度对待生活和工作，苛刻地对待自己与他人，每天在焦灼不安中度日，何苦呢?细想起来，有多少问题是实在难以容忍的?有多少挑剔又是有真凭实据的?花费那么多心血、耗费那么多能量在一些关紧要的细节上，不是作茧自缚吗?

诚然，严谨、认真、踏实，这些品质值得我们拥有和保留，但千万别把完美主义和它们等同起来。我们都不是圣人，无法保证事事都能考虑周全，也不能保证任何时候、任何地点都不出一点纰漏，古人早就说过“智者千虑必有一失”，更何况我们这些芸芸众生中的普通女子呢?

同样，我们也不能要求自己和他人时刻都展现出完美的一面，把所有的缺陷遮掩得天衣无缝，如果真有人能够做到，那恐怕也不能称之为“完美”，而是应该称之为“虚伪”。不完美是生活的常态，有缺点和不足也是人之常情，何必要对这些原本就存在的事实遮遮掩掩，烦恼不已呢?

快乐，并不是生活变成某一种理想状态时带来的喜悦，它是一种习惯、一种选择。面对那些足以影响人生、决定前程、牵扯利益的大事，你可以绷起紧张的神经；面对那些无足轻重、无碍生活、可以忽略的小瑕疵，你完全可以视而不见，听之任之。

把心放大一点，缩小那些可以忽略的不完美；把心放宽一点，容下自己和别人的那些瑕疵。人生苦短，很多时候，女人“粗枝大叶”一点，比锱铢必较要快乐得多。

**快乐，并不是生活变成某一种理想状态时带来的喜悦，它是一种习惯、一种选择。**

## 尽人事后，且听天命

某杂志上刊载了一篇名为《顺其自然才完美》的文章，里面有一段令人感悟至深的话——

“做任何事，我们要尽力而为，但不能责己太苛，责人太过。只要顺其自然，就是最好的结果。金无足赤，不影响它的纯度；太阳有黑子，不影响它的灿烂；伟人有缺点，不影响他的高大形象。因为，所谓的十全十美，只是我们的美好愿望，而有温暖的阳光，有密布的阴云，有轻柔的微风，有明朗的月光，才是人生最真实而美丽的风景。”

生活就是如此，生活就该如此。不管你怎么努力，也总会有做不到位的地方。有时，过分刻意了，反而让人觉得很别扭，一眼就知道是假的。与其这样，倒不如顺其自然随它去。

世界建筑大师格罗培斯设计的迪斯尼乐园，如今已经为全世界人所知。据说，当初迪斯尼乐园即将对外开放时，各景点间的路该怎样连接，迟迟没有合适的方案。格罗培斯很是着急，巴黎的庆典一结束，他就让司机开车带他到地中海海滨。

汽车在法国南部的乡间公路上驰骋着，两旁是当地农民种植的葡萄园。当他们的车子拐进一个小山谷时，发现那儿停靠着许多车。原来，那是一个无人把守的葡萄园，只要你在路边的箱子里投下法郎，就可以摘一些葡萄上路。相传，这里原是当地一位老太太的葡萄园，她因为年老无法照料，就想出了这个办法。谁知道，在这绵延上百里的葡萄产区，她的葡萄总是最先卖完。这种给人自由、任其选择的做法，让格罗培斯大受启发。

回到住地之后，他连忙和施工部联系，告诉他们撒下草种，提前开放。此后的半年里，草地被踩出许多小道，有宽有窄，优雅自然。来年，格罗培斯让人按照这些踩出的痕迹铺设了人行道。1971年，在伦敦国际园林建筑艺术研讨会上，迪斯尼乐园的路径设计被评为世界最佳设计。

为了设计一个完美的道路布局绞尽脑汁，结果还是徒劳。当一切都放下了，任由它自行发展时，近乎完美的结局却神奇般地出现了。

建筑设计如此，人生亦如此。生命中的许多东西是强求不来的，刻意强求的东西可能这辈子都得不到，反倒是那些不曾期待的灿烂，往往会在我们的淡泊从容中不期而至。这就好比，女人时常想要悟出真理，却被这种执着迷惑、困顿其中，当恢复了直率之心，彻底地顺从自然，道理却随手可得了。很多时候，违背规律去做事，只会举步维艰、四处碰壁，而顺应规律而行，却可以得心应手，一路坦途。

有这样一则寓言故事：一位天性愚钝的樵夫，某日到山上砍柴，遇到了一只从未见过的动物。他出于好奇，走上前去问对方是谁。那动物回答说，它叫“聪明”。樵夫心想，自己现在愚钝，就是缺少“聪明”，干脆把它捉回去算了。

这时，“聪明”开口说话了，它看穿了樵夫的心思，知道他想把自己捉回去。樵夫吓了一跳，没想到此物当真如此“聪明”。接着，樵夫装出一副不在意的样子，想趁它不注意的时候捉住它。没想到，“聪明”再一次揭穿了他的“计划”。

樵夫很生气，心想：实在太可恶了！为什么它能知道我在想什么？

谁知，这个想法刚一出现，“聪明”又知道了。它说：“你是为了没捉到我而生气吧？”

樵夫没说话，他从内心检讨：“我心里所想的事，就像照在镜子里一样，都被它看穿。我还是顺其自然吧，就当没见过它，专心砍柴，省得给自己找烦恼！”

想到这里，樵夫抡起斧头，像往常一样砍柴。谁料，这一回斧头居然不小心掉了下来，正好压在“聪明”的头上，“聪明”立刻就被樵夫给捉住了。

故事听起来饶有趣味，却也寓意深刻。命运往往就是这样，你越是挖空心思想得到一件东西，它越是想方设法不让你如愿以偿。如果你硬要执迷不悟，就会掉进填满无尽烦恼的深渊；如果你肯看开，选择顺其自然，命运可能会给你另外的补偿。

回过头想想，痛苦的根源，不就是一个求之不得的东西吗？任你怎么追寻，生活都不会成全你，既然如此，何苦还要为难自己呢？顺其自然任它去，不仅是洞悉人生的大智慧，也是善待自己的选择。

当然，顺其自然不是无所求，什么都任它去，也不是自恃清高或者阿Q精神胜利法，而是让女人不强求不属于自己的东西，不奢望得不到的东西，多关注它积极的那一面，把握好一个“度”：不能不在乎结果，但也不能太在意结果；不能不在乎名利，但也不要太追求名利。自己可以做到的、做好的，那就尽力而为，至于那些难以企及、难以控制的，那就——随它去！

**顺其自然任它去，不仅是洞悉人生的大智慧，也是善待自己的选择。**

# Chapter6

## 柔软地爱着，硬气地活着

有修养的人，能喜怒不形于色。但不形于色，未必喜怒不影响他的判断选择。要等感情得到了相当的满足或发泄，平静下来，智力才不受感情的驱使。

——杨绛

# 爱自己，从内在开始

有一个国王有三个女儿，大女儿和二女儿长得都很漂亮，唯独小女儿既没有美貌也没有头脑，脾气很暴躁，国王对她很是失望。成年后，大女儿嫁给了将军，二女儿嫁给了丞相的儿子，小女儿却因性格古怪，始终待字闺中。

一个外乡人听闻后，向国王请求，说想娶小公主为妻。国王是个开明的人，并未因他的出身嫌弃他，看他一片诚心的份儿上，就将小女儿嫁给了他。

几年后，国王老了，三个女儿来看望国王。国王惊讶地发现，大女儿和二女儿早已不再是当年的模样，体态臃肿，脾气暴躁，岁月带走了她们的美貌，生活改变了她们的性情。再看小女儿，与从前大不相同，温和娴静，大方善良，十分惹人疼爱。

国王很震惊，问三女婿："你用了什么神奇的魔法，把她调教成这样？"

女婿说："我不会什么魔法，只是不断地引导她。我告诉她，我将会继承王位，而她就是未来的王后，我坚信她一定是最温柔漂亮、大方善良的王后，人们会因为她的内在美而尊重她，而不是因为相貌来评论她。她相信了，也一直按照这个标准来要求自己。”

国王听后，满意地点点头。最终，他决意将王位传给三女婿，让自己“最美丽”的小女儿成了王后。他相信，小女儿一定会成为他理想中的贤后。

如果说外在美是一朵芳香四溢的玫瑰，内在美则是扎在土壤深处的孕育玫瑰的根，没有它，花儿便不能绽放。只是，越来越快的生活节奏，越来越复杂的社会环境，时常让女人们随波逐流，忽视了自己的内心世界。

诚然，外表美丽的女子更容易吸引人的眼球，更容易在社会中博得更好的机会。可是，人生的路很长，岁月总在无情地逝去，美丽的面孔、飞扬的青春，终有一天会随着指尖的缝隙在时光中褪色。苍老是每个女人必经的过程，待到青丝变成白发，当年胸无点墨的花瓶女人，还有什么资本来散发出耀眼的光芒？

有一部温馨动人的美国电影，名叫《怦然心动》，里面的男主角布莱斯，起初非常讨厌女主角茱莉的纠缠，觉得她不如金发的雪莉漂亮。可当茱莉渐渐疏远他时，他才意识到朱莉的与众不同：她热爱生活、个性独立。此时，布莱斯才深深体会到了外公曾经对他说的那番话：“有些人浅薄，有些人金玉其外败絮其中，但总有一天，你会遇到个如彩虹般绚丽的人，她让你觉得以前遇过的所有都是浮云。”

作家林清玄在《生命的化妆》里说过：“化妆只是最末的一个枝节，它能改变的事实很少。深一层的化妆是改变体质，让一个人改变生活方式。睡眠充足，注意运动与营养，这样她的皮肤改善、精神充足，比化妆有效得多。再深一层的化妆是改变气质，多读书，多欣赏艺术，多思考，对生活乐观，对生命有信心，心地善良，关怀别人，自爱而有尊严，这样的人就是不化妆也丑不到哪里去，脸上的化妆只是化妆最后的一件小事。我用三句简单的话来说明：三流的化妆是脸上的化妆，二流的化妆是精神的化妆，一流的化妆是生命的化妆。”

一个女作家乘车旅行，闹哄哄的列车里，旅客们聊天、打牌、听音乐、吃零食，作家实在受不了嘈杂的环境，准备找一个清静点的车厢待一会儿。路过车厢的一角时，她看到一个少女正全神贯注读一本书，少女很用心，不时地在本子上记一些东西，好像身处另一个世界。

几年后，作家成了知名人物，当人们问起她最感谢的人是谁，她笑着说：“是一个很美丽的女孩，我们素不相识，她和她的专注却令我终生难忘。我想她一定是一个特别的女孩子，有内涵，内心坚定，不受外界干扰。正是她内心的坚强、内心的美丽，鼓舞我修炼自己、提升自己，我才有了今天的一切。”

诗人泰戈尔说：“外在的美只能感染人的眼睛，内在的美却能感染人的灵魂。”

有内涵的女子，美丽之余，还有智慧。这就如同一块糖，你若只懂得包装，充其量不过是一张糖纸，真正的味道、真正的价值、真正吸引人的，却是糖的味道。纵观古今，凡是流传千古的女子，不是因为她曾经多么辉煌、多么奢华，而是她的内在美与时间共同成长，成了人们心中难忘的标本。

女人可以不美丽、不化妆，可以没有奢华的衣装，但一定得有内涵。内涵会赋予美丽以灵魂，会使美丽得到质的升华，会让女人美得脱俗。相比浓妆艳抹来说，这份气韵的沉香不会因时光流逝而褪去。

内涵。内涵会赋予美丽以灵魂，会使美丽得到质的升华，会让女人美得脱俗。

## 平等的爱情才能长久

张爱玲曾说："女人在爱情中生出卑微之心，一直低，低到尘土里，然后，从尘土里开出花来。"这个原本高傲、倔强的女子，遇到了自己的心爱之人胡兰成，小心翼翼地呵护并陶醉于这份爱，带着羞涩与胆怯，低眉顺眼地坐在他面前，一次又一次地放低自己。

如此卑微的爱，让她变成了一粒尘埃，而胡兰成却是一副胜利在握的姿态，在赞美她的时候也赞美着其他的女人；和她在一起时，也不忘与其他女人密会。在这场爱情的对决中，张爱玲最终输得一塌糊涂。

女人不断牺牲自我，爱得太过卑微，就会让爱情的天平倾斜，失去在爱情中的最佳位置，失去应有的尊重与珍惜。聪明的女人深知这一真理，她们对爱情的观点就像简·爱的宣言："纵然我贫穷、不漂亮，但我的心灵与你一样丰富，我的心胸跟你一样充实。当我们的灵魂穿过坟墓，站在上帝面前时，我们是平等的。"不卑屈，不高傲，当我们彼此相爱、相安无事的时候，我始终与你平起平坐；当你的一边低了下来，我不会趾高气扬地责备和蔑视，而是会让自己与你同行，相互搀扶，走过最艰难的岁月。

其实，无论是爱情还是婚姻，都需要平等和尊重。哪怕你的内心很爱这个男人，哪怕他是高贵的王子，也不要过分殷勤地去讨好他。不卑不亢，才能赢得男人的爱和尊敬，才能掌握爱情的主动权。

美国著名女作家玛格丽特·米切尔，跟她的作品《飘》中的女主角郝思嘉一样，有着与生俱来的反叛气质。成年后的她，因为一时冲动，嫁给了酒商厄普肖。可惜的是，这段婚姻没过多久就结束了。走到这一步，不仅是因为厄普肖的冷酷和酗酒，还有玛格丽特对爱情的错误姿态，她太迷恋厄普肖了，以至于到了仰天崇拜的程度，让厄普肖的狂荡不羁愈演愈烈，对玛格丽特越来越不在乎。

离开厄普肖后，玛格丽特终于明白，婚姻该是平等的。后来，她嫁给了记者约翰·马什，她打破当时的惯例，在门牌上写上了她和约翰·马什的名字，以此告诉所有人，这间房子里住着两个主人，他们是平等的。更出人意料的是，她婚后没有跟随夫姓。

幸好，丈夫约翰·马什也提倡夫妻平等。他们彼此尊重，相互鼓励和支持，玛格丽特静心创作。10年后，《飘》的问世，让她一夜成名。

爱得软弱而卑微的女子，永远不可能成为撬动幸福的女人。因为，她本身就把自己放在了一个低低的位置，连平等的姿态都没有，又如何能够靠自己的力量去扶持爱人，把握住幸福呢？

其实，不仅仅是在爱情中要平等，在人际交往中也应该强化“不卑不亢”的态度。“不卑”可以不惹人怜，“不亢”可以不招人妒。

这样的女人，总能从容自若、气定神闲，跟谁都能够融洽地相处，给人一种无可抗拒的力量，做起事情来也能得心应手。

要知道，这种“不卑”的姿态，不是一般人都有的。影视剧里常常会出现这样的情景：面对财势两全的合作伙伴、朋友，原本男人还想留一份尊严和平等，可身边的女人却显得很不淡定，对人说话用试探的语气，唯唯诺诺，一味应承，让人觉得很虚伪。反倒是那些以诚相待、坦坦荡荡的人，让人觉得可尊可敬。

当然，还有不少女人一点也不“卑微”，而是很自大。看到那些比自己地位低微的人，马上就挺起腰杆，趾高气扬，有时对自己的丈夫也如是。殊不知，用这种狂妄的姿态与人相处，是对别人的不尊重，也是对自己的伤害。也许，对外人而言，顶多是不再和你往来，避免和你接触，但若用这样的方式对待自己的爱人，输掉的可能是一辈子的幸福。

杨柳是个富家女，人长得漂亮，工作能力也挺强，从美国留学归来后，在一家外企公司任翻译，并结识了现在的丈夫李维。

李维的家在远郊，父母都是普通工人，可他为人厚道，也很踏实，岳父岳母对这个准女婿都挺满意。更重要的是，他对杨柳百依百顺。结婚时，杨柳的父亲在公司附近为女儿女婿买了一套房，李维家里出钱买了辆车，小两口的日子过得挺好。

婚姻不是一天两天的新鲜，度过了甜蜜的阶段，就是柴米油盐的日子了。过去，李维只知道杨柳娇气，却不想她的“大小姐”脾气会愈演愈烈。她时常不顾及李维的面子，发起脾气不管什么场合，当着什么人；身为儿媳，她对公婆并不孝顺，反倒是觉得他们没见过世面，总摆出一副拒人于千里之外的表情。李维起初还是迁就，但越迁就她，她却越离谱，弄得李维根本没法专心工作，甚至不想再继续这段婚姻了。

不管你的出身如何、家境如何、事业如何，一旦飞扬跋扈、目中无人，就会让人感觉少了点韵味。尊重别人，也是尊重自己；越是见识广博，越不该以钱财多少、学问高低论尊卑。在人前摆架子、显傲态，无疑是在诋毁自己的形象。

婚姻生活中也如是，每个男人都希望自己的妻子善解人意、有修养、识大体。要知道，纵然他再怎么爱你，也肯定无法长久容忍你不懂礼数、随意妄为。所以，作为女人，不管在多么高贵的人面前，都要坦然地做自己；不管在多么卑微的人面前，都要平和从容地微笑。

**无论是爱情还是婚姻，都需要平等和尊重。**

## 热爱生命，无关物质

王宇贤在《心灵回收站：修复心灵的漏洞·安装爱的补丁》中说："心灵是一个人的根，人们的观念在心灵深处升华；心灵是一个人的灵魂，人们的举动因为心灵辗转而改变。面对人生的一次次选择，我们始终保持一种纯洁高尚的心灵、一种炽热温暖的心灵、一种坚硬不屈的心灵。然而在这个物欲横飞、瞬息万变的社会，为了保持这种心灵的品质实在是很累的。当心累的时候，却是最容易出现心灵危机的时刻。"

当物质开始逐渐占据生活的主导地位时，再谈心灵的富足，不是被人笑为"不现实"，就是被人视为"奢侈"。似乎，心灵的富足应该建立在物质基础上，有了一定的物质基础，才可能有精神上的追求。

事实上，心灵的富足和物质条件，从来都不是对等的。不管生活如何，不管环境如何，每个女人都该照顾好自己的心。拥有物质的时候，不必盲目挥霍，四处炫耀，要懂得内敛低调；物质匮乏的时候，不必暗自神伤，怨天尤人，要学会淡定处之。唯有把物质置于身心之外，不被它牵绊，不成为它的傀儡，多专注于内心的感受，才能领悟到生命的真谛。

她叫甜，出生在一个普通的家庭，但因为外表漂亮，追求者众多，心中不免有一份高傲。爱慕虚荣的她总觉得，自己这么好的条件若不能嫁入豪门，必然是辜负了天赐的恩宠。

为了“钓”到如意郎君，她不惜花大价钱把自己打扮得光鲜亮丽，穿着名牌，流连于各种大型场合，参加豪华的宴会，接触一些上流社会的人。不仅如此，她还在网上发布了征婚帖：“本人外形俊俏，气质脱俗，希望能够结识一位优秀的男人共度人生，他必须具备一些条件：拥有千万以上资产，懂得呵护女人，职场中要有魄力，生活中要有温情，社会中要有阳刚之气，家庭中要有体贴之心，懂浪漫，有品位……”帖子后面，附上了不少自己的美颜照。

她以为，这样的启事会吸引众人的眼球，能让她有幸结识一生的伴侣。然而，似乎并没有多少有钱人对她的启事感兴趣，打来电话的不是骗子，就是一些无聊的人。

直到有一天，一位真正的富翁打来电话，告诉她：“虽然我完全符合你的应征条件，但是我并没有兴趣来应征。只是想告诉你，你永远也找不到这样的男人。一个男人能够拥有或者守护千万资产，必定具备了很强的能力。你只想坐享其成，却不能在事业和生活上给予他们任何帮助，还要他们在你身上耗费更多的精力。你觉得，哪个男人愿意把自己辛苦打拼得来的钱用在一个只贪图他金钱的女人身上？难道就因为你漂亮吗？好，你现在是年轻漂亮，但是20年后呢？你是否能够容颜不改？你的美丽随着年限而逐渐贬值，而那些懂得打理生意的男人，他的财富到那时可能又翻倍了，这样的交易本身就是不平等的。

“如果你的征婚信这样写：我是一个年轻貌美的女孩子，言谈举止高贵大方，喜欢花钱并有能力挣钱，我希望和一个拥有千万以上资产的人合作，保证每年创造100万的财富，美貌于我不过是外表的修饰，真正有价值的地方是我的内心，我本人学识渊博并期望另一半也是如此，我们要有共同的爱好，去马尔代夫旅行……这样的你会有哪个有才能的男人不喜欢呢？”

说完，富翁挂断了电话，甜陷入了长久的沉思。

女孩子年轻时最常犯的错误是，宁愿坐在宝马里哭，也不要坐在自行车上笑。物质的牵绊，让她们丧失了独立的人格。很多女孩子常常抱怨自己命不好，像个勤劳的蜜蜂，辛苦劳作却换不来甜蜜的生活，而那些命好的女孩子，最终都会幻化为蝴蝶。

其实，一切无关命好命差。感情讲求的是真心，绝不是赤裸裸的物质与美貌的交换；维持一段感情的绝不是女人的美貌，而是女人的心灵与头脑。美丽的女人固然惹眼，但这绝非幸福的必要条件，一个内心丰盈、充满修养与内涵的女人，同样会得到别人的尊重和喜爱，且这样的内在美经久不衰。即便没有过多的物质，她们依然能够活出一份独特的美，一份独属于自己的幸福。因为，幸福是心灵的选择，不是物质的积淀。

安德鲁·克罗斯比曾经说过：“真正的快乐是内心充满喜悦，是一种发自内心对生命的热爱。”

在当下这个喧嚣热闹的社会中，生活节奏越来越快，想要让每个女人都过着清静无为的生活，有点不切实际。满足正常的生活需要，不等于同心为形役，不等于要让内心受到不必要的欲望的束缚和牵绊，在追寻物质的富足之余，还要追求心灵上的充实与丰富。

最美的生活，是在物质与心灵之间找到一个平衡。该为生活努力的时候，义不容辞；该抛开物质享受生活的时候，随心惬意。不憎恨生活，不贪恋生活，打开心灵，给自己一片宽阔的蓝天。这样的女人，才是真正懂得生活、能够给予自己幸福的女人。

**幸福是心灵的选择，不是物质的积淀。**

## 外表可以柔软，内心得有支点

她本是个诗人，写一手温软细腻的小诗，揉进江南的温润与安静里。她本来很穷却很幸福，在一个陌生的有着小桥流水的古镇里“流浪”着，执着着，追寻梦中美好的爱情，即使少有人来欣赏她的作品。

无论身边多少烟雨繁华，多少痴情种子，总有那么一丝难以诉说的情思在拨动心弦，告诉她，那个人还在远方等待着，如教徒一般虔诚地信仰着三月桃花四月天，他们会有一场美丽的邂逅。

终于，她等到了传说中的一见钟情。一个阴雨即将放晴的美好午后，江南的青石板尽头上传来缥缈的歌声，若即若离，她循着歌声追去，在美丽的小桥中央，见到了迎面而来的他。他那么阳光，那么灵秀，是只有江南水乡才能孕育出的温婉清秀。四目相对的那一刻，她终于体会什么是一见钟情。

相识，相爱，很自然的过程，水到渠成，极度浪漫，饱含真情，她将感情渗入诗中，字字缠绵，拿给他看。他捧在手里并拥她入怀，在耳边轻语：“你真是个才女。”

她并不知道，他其实不懂诗。

三月、四月、五月，江南最美好的日子里，他和她的足迹遍布江南的大街小巷，她将手中的笔化为他口中的词，从他口中传出的音律迷倒了众生。欢快的歌词配上美妙的音乐，他仿佛一下子就走进了大家的视野，他终于不再寂寞，像蓄谋已久的种子，破土而出。他自己录的歌一夜之间红遍大街小巷，找他签约的公司很多，他不必再和她苦苦等待，也不必再过走遍大街小巷都卖不出一张CD的日子。

寂静的生活一下子变得热闹起来，他忍不住流连芸芸众生羡慕的繁华，忍不住出入各种高级场合，忍不住用大把的钱来装扮自己。他总是为自己的忍不住而感到惭愧，可又无法克制自己，看着依然朴素美丽如百合般的她，他对她说：“我想去北京，想出人头地，想成就一番事业。”她看着满身名牌的他，摇摇头，没有哀求也没有挽留，任他选择，这是作为诗人的女人对爱情最初的信仰。

没有悲伤，没有悔恨，没有遗憾，道不同不相为谋，不是一个世界的人，终究无缘。明知生活艰难却不愿往污浊更深处奔去，她不是傻，北京人才济济，倒不如待在这个安静的小镇。也许不会再相信一见钟情，却依然期待永恒的爱情。

她依然在古镇的大街小巷行走着，看过了无数身边的美景，一颗心在孤寂岁月里独放，和着江南轻柔的细雨，悠远绵长。时间证明她的选择是正确的，去了北京的他，没能大红大紫，从此再没了他的消息。

爱情就在她失落的时候降临了。身体不适，她不能再走很远的地方，便在一个木屋装饰的咖啡馆里久坐，任午后焦灼的阳光打在身上，一张清晰的轮廓映入眼帘。她迟疑着抬起头，在日落的尽头，有夕阳的余晖在对面男孩的身上跳跃着。

这个美丽的午后，成为她第二段感情的开始。

他们相爱了，她依然毫不保留地将自己的诗幻化成他的歌，远远看着他在酒吧闪烁的灯光下明亮的眼睛，她有些许的不信任，和初恋一样的场景，她竟有些害怕失去。每晚凄迷的歌声，令她如痴如醉。那个简单的男孩，那个眼神总是忧郁的男孩，望着她的时候是深沉的，是温柔的，竟惹得她不忍离去。她选择相信，即使曾经有过相似的场景，即使往事还有痕迹。

身边总有传言，说他与有钱的女老板好上了，也有说他和酒吧的服务生同居了，更有说他是个骗子，看着他真挚的眼神，她只是默默地支持他，一言不发，而他也只字未提。

两年后，他们结婚了，是个简单却很浪漫的婚礼，一个朴素却很温馨的婚礼，在水上举行。船到桥心，她才知道他的故事：原来，他是被父亲逼婚逃离了家，家财万贯。他与未婚妻并无感情，只是家里的安排。他不愿亵渎心中的爱情，心甘情愿放弃优越的环境，在酒吧里唱歌，过平静安心的生活。那些故事，那些传言，那些被众口淹没的时刻，是她的聪慧保护了他，是她的理解与信任开导了他，是她的忍耐与宽容救了他，是她的魅力与安静征服了他。

他说："我愿意在你这里落脚，不再流浪，遇见你是我这辈子遇见最美好的事情。"

这样一个淡淡的女子，看起来柔柔弱弱，从不会疾声厉色地与人吵嚷，也不会哭哭啼啼地博人同情。她做好自己该做的事，从容地面对情感上的得与失，在柔弱的表象下，绽放的是一颗无比强大的心。

在充满变数的世界里，每个女人都要锤炼出一份坚强，修炼一颗强大的心。唯有如此，才能穿越感情的伤痛，经受得起背叛的丑陋，不放弃对生活的希望，守住一辈子的幸福。

**在充满变数的世界里，每个女人都要锤炼出一份坚强，修炼一颗强大的心。**

# 活成一朵明媚的太阳花

菟丝花与太阳花，都有一副娇美的姿态，可生活习性却迥然不同。菟丝花，活着的时候缠缠绕绕，妖娆多姿，可一旦离开了依附的树枝，就无法生存。太阳花不同，它的生命力很强，即使你把它掐断再种到另一个地方，它依然可以活下去，并且温度越高，生长得越快。两种花，像极了生活中的两种女人。

“菟丝花女人”，始终依附着爱人存活，她生命中所有的悲喜，命运中所有的经历，都由身边的那个人决定。他在，她便安好；他离，她便枯萎。仿佛，一切都由不得自己，她早已把命运的决定权交给了另一个人。她懂爱，只是她的爱太过于缠绵、太过于软弱，她只知道他能为自己挡风遮雨，却忘了他不是铜墙铁壁。

“太阳花女人”，是不畏生活的强者。她从来不依附于谁，扎根在一个地方的时候，努力地生长；即便中途被人“掐断”，需要依靠自己的生命力来重新适应环境时，她也决不后悔。靠着信念，靠着坚强，靠着自身的力量，成长，发展，开花，绚烂。她的人生需要阳光，需要雨露，需要爱人的滋养，但若生活突然中断了“所有”，她还是会笑脸相迎。

姑娘G在高考结束后不久，父亲便出车祸身亡。拿到录取通知书那天，她哭得一塌糊涂。她如父亲所希望的那般，考上了一所知名的大学，只可惜父亲再也无法亲耳听她传达这个好消息了。更艰难的是，家里的经济条件一般，母亲收入微薄，加上父亲去世之事给母亲造成了巨大的打击，母亲的身体一直很虚弱，要供G读完四年大学，着实不是一件容易的事。

临近报到那天，母亲拿出了一张存折，那是肇事司机赔付给家里的钱。G只要了学费和三个月的生活费，她坚信天无绝人之路。上大学后，她把所有的业余时间都用在找兼职和打工上，去快餐店做服务生，自学广告文案后尝试给人写软文，假期到超市和商场做促销员。就这样，她实现了自给自足，不用再向母亲要生活费。

四年的大学时光，对很多人来说是美妙的，可以尽情地享受自由、恋爱，可对G来说，这四年却过得异常辛苦，既要考虑学业，还要考虑生活，压力很大。但正如泰戈尔所说，你受的苦终将照亮你的路，所有的负担都会变成礼物。

临近毕业，不少人为了找工作发愁，而G因为提早进入社会，具备了丰富的经验，相继有公司向她抛出橄榄枝。她选择了自己最喜欢的传媒行业，开启了对梦想的追逐之路。当周围人夸耀她能干的时候，她只是笑笑，心里的感慨却很多。

父亲的意外离世改变了她的人生，她怨过、恨过，也担忧过未来。看到母亲泪眼婆娑、满心歉疚的样子，更觉疼痛难忍。无依无靠的时候，贫穷给了她动力，生活的逼迫让她学会了坚强和独立，更让她明白了一个道理：别人撤走了通往天堂的梯子，没关系，自己的双手一样可以撑起一片天空。害怕无依无靠，担心明天，不如踏踏实实地努力，撑起自己的生活。

现实中，不少女子因为各种原因在为明天焦虑，甚至心生抱怨，总觉得不能拥有自己想要的生活，也担心无法撑起自己的一片天。其实，这是骨子里不自信的表现，人生有很多事情不是你做不到，而是你不敢去想，也未曾开始去做。就像G这样的姑娘，被生活逼迫到了死胡同，却绽放出了内在的潜能，支撑着自己完成了学业，踏上了距离目标最近的路。

她能够做到的，你也可以。当你从年轻的时候开始，不断地努力，不停地付出，朝着自己的目标进发，永不后退，那么你不仅能握住自己的幸福，还能掌控自己的生活。

在《哈里·波特》第一部书出版前，罗琳还只是一个离了婚的女人，带着自己的孩子在城市最底层，靠最低的保障金和自己打工赚来的钱维持生活。空闲的时候，她会坐在咖啡馆里写自己心中的魔幻世界。尽管屡遭退稿，可她依然努力为自己的生活投保，不放弃写作的梦想。

精诚所至，金石为开。后来，《哈里·波特》被翻译为多国语言，一系列的小说不仅让罗琳闻名于世，也让她走向了财富的巅峰。丰裕的稿费让她不再为明天的生活发愁，也不必为自己能否领到救济金而焦虑。连续三年，罗琳成为英国超级富婆，2005年她的财富总额超过了英国女王伊丽莎白二世。

有些女人在遭遇生活变故的时候，总是不停地埋怨和质问：为什么是我？为什么我这么倒霉？为什么我的命运如此多舛？然而，现实用残酷的真相告诉我们：就算哭哑了嗓子，事情也不可能无缘无故地好转，唯有不断地用心灵的力量给自己打气，让自己比平时更振作、更坚强，才有可能改变。如果只想要等着、靠着，那么很可能穷其一生都只会停在原地。

著名女设计师蒋艳曾说，女人不一定要做男人一样的“强人”，但一定要做生活的强者。

想要优雅地过一辈子，就要学会在充满变数的生活中，为自己撑一把保护伞。这把保护伞的名字，不是婚姻，也不是依靠，而是独立自主。想要优雅地过一生，必须努力让自己长出一双有力的翅膀，无论面对多大的狂风暴雨，都可以迎面而上，永不畏惧。这份自强和独立，不仅能让你成为令人瞩目的白天鹅，还会给你一份十足的安全感。

**女人不一定要做男人一样的“强人”，但一定要做生活的强者。**

## 你当是他近旁的木棉

一场浪漫的婚姻上，父亲把女儿的手交给了现场的新郎，语重心长地说："现在，我把她交给你了，也把她一生的幸福交给你了！"新郎诚恳地答道："我会用自己的生命来爱她。"这番对白，是婚礼上最为动情的一幕，甚至超越了夫妻间宣誓的情节，因为它饱含了血浓于水的亲情，还有世间最可贵的信任。

三年后，婚礼上的那位新郎因工作需要到国外做项目，一走就是两年。而曾经在婚礼上美丽娇艳的新娘，却要在每天忙碌之后面对空冷的房间，她无力承受寂寞，更无力独自承载生活。再后来，两人友好地分手了，幸福的希望也就没有了。

现在想来，父亲的那个心愿，也许只是一个美好的愿望。一个女人的幸福，怎可轻易寄托于他人？人生无常，倘若有朝一日离开这个人，是否真的就无法独立，无法继续生活下去？婚姻的不幸，爱情的失败，其症结往往都是一方把自己全然交给了另一方，将一辈子的幸福寄托于对方，把自己当成了依附于对方而存在的生命体。

一部名为《血疑》日剧，让山口百惠成为家喻户晓的女星。她13岁就在歌坛崭露头角，15岁风靡日本。然而，谁也未曾料到，就在她的事业如日中天的时候，她竟然选择了结婚退隐。那一年，她只有21岁。

离开影坛后，观众和影迷们对她的怀念与日俱增，更为她的息影而感慨。回归家庭后的山口百惠，生活并不那么如意，丈夫经商破产，她攒下的积蓄也随之而空，结果还是没能摆脱困境。此时，山口百惠想重出影坛，可惜时不我待。曾经支持她的影迷们，早已不再是风华正茂的年轻男女，而是负担重重的中年父母，没有心力再去追星。山口百惠的表演，也无法满足新一代观众的需求，东山再起只能是痴人说梦。

山口百惠放弃事业的那一刻，也就等于放弃了独立的自我。或许，在21岁的她眼里，婚姻就是一场浪漫而幸福的旅程，丈夫就是可以遮风避雨的港湾，自己可以依偎着他，纵然日后不那么轰轰烈烈，但至少可以平淡安详地度日。

可是，真正的幸福，唯有在理论的状态下才是静止的。生活就好比天气，你永远不知道明天什么时候会突然来一场暴风骤雨，或是突然哪一刻会电闪雷鸣；此刻值得你信任并可以依赖的丈夫，明天是否会遭遇人生的打击，是否会因此沮丧低落而需要你的扶持与拉扯，也都是未知数。生活是充满变数的，而婚姻却是一个共同体，唯有时刻让自己做一棵独立的树站在他身旁，才能够在暴风雨来袭时，在根基之处紧紧相拥，抵挡外力。

在《致橡树》一诗中，舒婷深情地咏叹：“我如果爱你，绝不像攀援的凌霄花，借你的高枝炫耀自己……我必须是你近旁的一株木棉，作为树的形象和你站在一起。根，紧握在地下；叶，相触在云里……我们分担寒潮、风雷、霹雳；我们共享雾霭、流岚、虹霓。仿佛永远分离，却又终身相依，这才是伟大的爱情。”

比肩而立，各自以独立的姿态深情相对的橡树和木棉，热情而坦诚地歌唱了诗人的人格理想。这组形象的树立，不仅否定了老旧的“青藤缠树”“夫贵妻荣”式的以人身依附为根基的两性关系；同时，也超越了牺牲自我、只注重于相互给予的互爱原则，这种超越出自向来处于仰视、攀附地位的女性更为难能可贵。

女人不是任何人的肋骨，也永远都不能泯灭自己的独立性，要有自己的思想，有自己的骄傲。要让男人清楚地知道，你不只是他的妻子，你还是你自己，更是在他感到无力和疲惫时可以拉他一把的“兄弟”。

记得杨澜曾在博客中写过一番话，告诉女人什么才是维系婚姻关系的真谛，更告诉女人该如何塑造自己的角色。她说：“婚姻需要爱情之外的另一种纽带，最强韧的一种不是孩子，不是金钱，而是关于精神的共同成长，那是一种伙伴的关系。在最无助和软弱的时候，在最沮丧和落魄的时候，有他（她）托起你的下巴，扳直你的脊梁，命令你坚强，并陪伴你左右，共同承受命运。那时候，你们之间的感情除了爱，还有肝胆相照的义气，不离不弃的默契，以及铭心刻骨的恩情。”

天生热爱摄影的凌，有一个深居简出的男朋友，周末空闲的时候，她常常背着自己的小包出去拍照，而男朋友则在家里研究电脑程序。她和他互不打扰，谁也不愿意去压制谁，相处起来轻松自在。不久，凌的摄影在一次展览比赛中获得二等奖，男友为她感到骄傲。相处的日子久了，他们感情愈发亲密，凌觉得，拥有爱情但不失去自我，这才是属于自己和爱人的生活。

真正懂得爱的女人，会随着时间的流逝越发令人感动，她们就如亦舒笔下的女子，抛弃依赖，愿做他身边的木棉，与爱人相偎相依，却又相互独立，彼此之间，一起成长，一起繁华，一起向上，一起老去！这样的爱令人钦佩，这样的女人值得珍惜。

**女人不是任何人的肋骨，也永远都不能泯灭自己的独立性，要有自己的思想，有自己的骄傲。**

## 先谋生，再谋爱

一位学者曾这样说过："工作不仅仅是谋生的手段，也是享受生活的一种载体。"

某著名高校中文系的研究生，临近毕业，与相恋三年的男友步入婚姻的殿堂。毕业后，她和别的同学一起在熙熙攘攘的人才市场大海捞针一样寻找合适的工作时，这才意识到，找工作比她想象中艰难得多。

周围的朋友就劝她："你老公赚得也不少，你何不在家做个全职太太？"连日的奔波让她觉得疲惫，想想都觉得委屈，一气之下她干脆放弃了找工作的计划。

刚开始，她还觉得日子悠闲自得，时间久了，就待不住了，各种失落和空虚袭击她，她觉得自己过得很不快乐，脾气也越来越大。她问自己："这就是我要的生活吗？如果只是为了当全职太太，我读书做什么呢？既然有能力为自己的生活负责，为什么要做一个废弃的躯壳呢？"

此后，她又踏上了求职之路，并在一家广告公司找到了合适的工作。虽然上班比较辛苦，可她心里很踏实。她说："在这个社会上打拼奋斗是有些累，可我心里不会再像海浪一样来回漂浮。”

身为现代女性，若没有自己的工作，没有为之奋斗的目标，就等同于没有思想。试想：一个没有思想，或者思想落伍的女人，如何维持家庭的幸福？事业，是女人安身立命、生存于世的基础，也是人生幸福的重要保障。就算在婚姻中，有自己工作的女人，也更容易与丈夫有共同语言，有平等的地位和权利。这份工作，未必要多么体面辉煌，只要尽心尽力去做，就足够。至少，它是一份代表着你自身价值的证明，更是一个让你了解外面的精彩世界的途径。

2009年，英国首相布莱尔夫人接受“网易女人”的采访，在谈及女人幸福问题时，她说了这样一番话：“良好的教育能让一个女人活得更轻松，走得更远。一个女人，你永远不知道生活前方等待你的是什么，永远都要记住一点，能养活自己至关重要。”

布莱尔夫人的观念，很大程度上受到母亲的影响。据说，当时她的母亲得到一份不错的工作，可她的祖父在那时候病了，母亲不得已只好放弃工作，回家照顾老人。那个年代，工作机会不多，母亲又没有太多的知识，放弃了就等于彻底失去。所以，母亲后来便把希望寄托于布莱尔姐妹身上。这样的变故，让布莱尔领悟了一个生活真谛：女人要想好好地生活在这个世界上，就必须拥有一份可以养活自己的工作。

职场达人拉拉，是个3岁孩子的母亲，可她的状态却始终是“青春正飞扬”。许多人都说，她完全可以不工作，在家里带带孩子多轻松，这是当下许多年轻女子都“憧憬”过的生活，衣食无忧，每天陪伴孩子。拉拉却不然，结婚生子，升职加薪，她一样都不落下。对于工作这件事，她坚持不放弃。对此，她给出的理由是：

第一，工作让我经济独立。我工作，家里的经济负担减轻了许多，我也因此实现了人格独立和感情独立。我不用依靠任何人的支援，也不用受谁的制约，喜欢的衣服我自己掏钱买，出去旅行我不用担忧透支家用。每天上班下班，我心里很踏实。

第二，工作让我更有内涵。为了能够胜任工作，争取升职加薪，我不断地学习、进修，这个过程很辛苦，但我得到的更多。性格变得坚强，抗压能力提高了，也不断地挖掘出自己过去都不知道的潜能，这让我很有自信。

第三，工作扩大了我的生活圈。身在职场，免不了要和同事、领导、客户沟通交谈，则给我营造了更宽广的交际圈，也让结识了更多的朋友。我们可以彼此分享快乐，分担忧愁，让心灵得到舒缓，生活得更充实。

第四，工作让我变得更时尚。因为工作需要，每天都会给自己化一个精致的妆容。其实，打扮自己，也是提升自信的一种方式。当然，更多的是每天会跟同事聊天，丰富自己的见识，与时俱进。

第五，工作让我减少了焦虑。闲来无事的时候，人总会瞎想，变得狭隘。如今，自己有稳定的工作，对生活的不安全感就少了很多，就算某天丈夫因为某些原因暂时要离职，或者要进修，我也不用担心生活质量受到影响。

以上这几点足以证明，在身体健康、家庭稳定的情况下，工作带给女人的益，远远大于弊。工作，会让女人学会独立、学会社交，充满智慧和自信。更何况，女人有自己的工作，与爱人的相处也会更加融洽，至少她知道换位思考，能切身地体会到丈夫上班的辛苦，在家里不会对丈夫无理取闹，反倒知道如何安慰丈夫，给他提供有益的建议；女人有自己的工作，男人养家的压力也小一些，心情也会更轻松。

当然，也不乏有人坚守着这样的观念：女人，踏踏实实地找一个好依靠，清闲地过着日子，再幸福不过。可是，有多少女人实现了这样的美梦？纵然是童话里的那位灰姑娘，她能够被王子看上，还是多亏了仙女的帮助，还有那双世间罕见的水晶鞋。如果没有这些前提条件，那还不如活得清醒一点。别忘了，要嫁个好老公，也是需要资本的。若没有过人的才学、出众的外表、过硬的家境……这些“硬件”全然不具备，凭什么嫁个好老公，指望他来养活你一生呢？

其实，不只是女人会慎重思考选择的对象，男人也一样。他们时常也会问自己：“这个女人值得我娶吗？她是否能够跟我相守一生？”若你真的身无长物，而他也不在意，或许你们可以安心到老。可当某一天，这个男人也累了，或是遇到了新的爱慕对象，最终选择离开，这时候，你又要靠谁来养活自己呢？

婚姻不是买卖，更不是赌博。即便你有机会遇到优秀的男人，也未必能够拥有他的一切。女人不是男人的附庸，男人也不是女人的依靠，优秀的男人大多希望自己的另一半能够跟自己共同承担风雨、解决问题、战胜挫折，而非仅仅想要靠他来享受生活。

女人的幸福，不是靠谁的养活就能拥有的，而是靠自己的努力。当你具备让自己幸福的能力，这个永恒的支点，可以随时撬起自己，撬起爱人，撬起精彩的人生。

**当你具备让自己幸福的能力，这个永恒的支点，可以随时撬起自己，撬起爱人，撬起精彩的人生。**

# Chapter7

## 静下心来，一切自会明朗

上苍不会让所有幸福集中到某个人身上，得到爱情未必拥有金钱；拥有金钱未必得到快乐；得到快乐未必拥有健康；拥有健康未必一切都会如愿以偿。保持知足常乐的心态才是淬炼心智、净化心灵的最佳途径。

——杨绛

## 夜晚来临前，与烦恼告别

一个人在凌乱的空间里停留太久，会有烦躁的感觉，所以隔一段时间就要打扫房间，给自己焕然一新的感觉。经常用电脑的人都知道，垃圾太多不清空就会占用内存，网速就会变慢，其实生活也一样，心中积压的烦恼太多，日子就会像布满阴云的天空，既潮湿又压抑。

那么，烦恼究竟是从哪儿来的?

不少女人把烦恼归咎于外界的环境，事实上，烦恼从不主动寻人，大多数烦恼都是自己想象出来的，并且在脑海中被神化、被夸大、被加固，变成沉重的心理负担。当女人被烦恼缠上时，做任何事情都无法集中精神，与人交往也不会开心，连睡觉都会做噩梦。

其实，想开一点，岁月浮浮沉沉，总会有很多不愉快的事情，也会有各种各样的无奈。面对来自生活、家庭、事业、理想的各种各样的压力，女人需要他人的关爱，更需要学会给自己解压。就像打扫房间、清理电脑内存一样，要学会适时地释放烦恼，让心灵得到雨露滋养而充满活力，如此，前行的步伐才会变得轻盈。

王可可人缘极好，在公司里一直是个人见人爱的姑娘。她的职位是销售，每个月有工作指标，最近市场形势不是太好，作为业务人员的王可可和其他同事一样，深感焦虑。自己的事业如逆水行舟，她有望而却步之意。由于工作压力增大，她的情绪开始变化无常，刚刚还笑脸盈盈的，转眼间就怒火冲天了。对于自身的变化，她也意识到了，但就是控制不住自己的情绪。

王可可的脾气有一阵没一阵地暴躁起来，家里的杯子和椅子都成了她发泄的对象，有时候，一点小事都能让战争爆发。丈夫对于她的这种改变也是束手无策，起初还安慰她，后来索性任她歇斯底里地发狂了。工作不顺心，家里不安心，生活不称心，王可可的精神世界天塌地陷，已经到了崩溃的边缘。同事建议她去看看医生，纾解下心里的积怨。

王可可对心理医生讲明情况后，医生给她开了一服“药方”：让烦恼止于睡觉前。

王可可似乎并未听进去，她还在一味地向医生诉苦，说自己如何压抑、如何委屈、如何受尽折磨。她用担忧的眼神询问医生：“为什么日子会变得如此不堪，我的生活还能好起来吗？”

看着她愁容满面的样子，医生给她制定一份计划书，让她回去照做，上面写着：

★下班后做运动，以出汗的方式挥发一天的不快，将心里的包袱甩掉，让血液畅通，让情绪缓和。

★做自己喜欢的事，比如烹饪、瑜伽、听音乐，给自己一个舒适的空间，让心灵放松。可以畅想，可以发泄，把空虚和焦虑赶跑。

★睡觉前洗个热水澡，边洗澡边唱歌，和着水声制造快乐，让坏情绪彻底远离，将疲惫驱逐出去。

★睡前告诉自己，明天又是美好的一天，今天以前的所有都将成为过去，明天一定会更好。

★早上醒来对自己微笑，并且努力将微笑持续一整天。

★休闲的时候多去郊外，敞开狭小的心灵，面对广阔的天地，让烦恼随风飘散。

通过一段时间的坚持，王可可发现自己能够静下心来，安静地面对自己了。抚平了情绪之后，生活和工作也逐渐回到了正轨。

生活中有很多不如意的事情，女人不能任由情绪将自己带入最坏的境遇中。生活因不完美而完美，生命因苦难而精彩，一定要以平和的心态去面对生活中的每一次波折。

时光就像一个隔开阴阳的光束，光阴从不曾待谁厚或薄。幸福是靠积累出来的，有些人积累的快乐多一点，生命里充满阳光；有些人积累阴暗太多，生活就是阴云密布。放下烦恼，抛开忧愁，也许回眸处一直是温暖。

40岁的她眼角看不出一丝皱纹，人们惊讶于她的微笑竟然有一种魔力，迫使你去追随、去接近。人们都赞扬她的美、她的气质、她的温和、她的淡定。有人问她，为何能拥有超越时光的能量?

她说："不过是每晚睡觉前反省自己而已。当天的烦恼当天清理，梦里是美好的，醒来是美好的，生活也是美好的。做一个简单的人，困了就睡，累了就停，留一些时间做自己喜欢的事情，不被无谓的烦恼缠身。寂寞时听听音乐，无聊时找朋友聚会。很多事情无法改变，就去适应并试着改变，而不是处处反抗，让自己精疲力竭。”

生命如果分成无数个单位，每一天就是一小段人生。每一天的清晨和夜晚，是人们告别过去、休憩心灵的时间，人生是一个不断告别的过程，没有告别就没有成长，没有告别就没有转身，没有告别就没有前进。聪明的女人善于在每一个夜晚来临之前与烦恼告别，让自己的明天更加精力充沛，让自己的夜晚更加舒适温馨。

生命很长也很短暂，生活本身就是一个循序渐进的过程，如同四季轮回，不会枯燥。有烦恼才知珍惜快乐，有磨难才知幸福不易。有苦有甜才是生活，有悲有喜才是人生。 再多的烦恼也不要带入梦乡，这样会做噩梦。坏情绪如果不在睡前清理，不但会伤害身体，也会影响明天的生活。女人要想活得快乐，就要有豁达的心境，烦恼不过夜，健忘才幸福。

人生烦恼总有时，该放下时就要放下。再大的伤痛，睡一觉也就过去了，过去的时光，无论荒芜或者苍凉，都不必再去深究。人生是没有回头路的单行线，沿途的风景都会成为过去，让每一个夜晚在舒适的感受里入梦。

**女人要想活得快乐，就要有豁达的心境，烦恼不过夜，健忘才幸福。**

## 永远不虚度此刻，即为珍惜

在撒哈拉沙漠中，有一种沙鼠，全身都是土灰色。每当旱季到来之时，就是它们的苦日子，为了熬过这段艰难的旱季，沙鼠必须提前囤积大量的草根。沙鼠们拼命地啃草根搬进自家的洞中，忙碌的身影比蜜蜂还要勤劳。他们要为即将到来的“明天”辛苦劳作。

事实上，等到旱季真正到来，平均一只沙鼠只吃掉2千克的草根，而它们的存储至少有10千克。旱季过后，沙鼠又必须将腐烂的草根清理出洞。

现实生活中，我们也能时常找到沙鼠的影子。女人们承担着家庭和工作的双重压力，常常会为所谓的“明天”“后天”而感到不安，为那些没有那么可怕或者永远不会到来的“饥荒”感到焦虑，这是缺乏安全感的表现。

我们活在今天，明天永远是明天，其实好好活在当下，还有什么可担心的呢？

假如你每天在睡觉前清理一下所有的思绪，好好迎接下一个清晨，不为还没有解开黑幕的黎明而彻夜难眠，那么生活也不会那么忧虑。明天尚未到来，今天将不复存在，而不知抗拒烦恼的人总是英年早逝。

婚后，她的生活一直很安静，如千千万万个普通的家庭一样，她的丈夫疼爱着她，公公婆婆待她也不错，似乎一切都是很完美的样子。可是悠闲的日子，总会有一些忧虑萦绕在她心头。没有孩子，她会担忧老无所依；有了孩子，她又担忧自己的孩子不能健康长大，而困苦也会让生命时常颠簸，她对未来的日子充满了无尽的忧愁。

后院里有个小小的池塘，夏季到了，经常会有蜻蜓飞来，点一下脚尖然后很快飞走。她一直观察着那些蝴蝶，看它们飞舞的身影，是那么快乐而且无忧。

夏季结束的时候，她出了车祸，差点丢了性命。在医院躺了4周，脊椎压迫神经，她几乎失去以前全部的记忆。身体的疼痛难忍，可是她脑海中仍然有一只蜻蜓点水，悄然而飞，心中而有些安慰，小生命尚且珍重自己，她又有何理由不珍惜自己？

第五个礼拜，动了第三次手术之后，她终于可以进行康复治疗了。有丈夫的悉心照料和公婆的加倍呵护，她的内心充满了幸福和感恩。坐在轮椅上，她会对着天空的任何一只飞鸟唱歌，在生命最艰难的时刻，她咬紧牙关坚持着。

终于能站起来了，她开始学着走路，记忆慢慢恢复了，她觉得现在的每一天都是幸福的。她也明白了一个道理：与其为自己思想中的“明天”忧虑着，不如像现在这样活在每一天的真实里。也许生活会顺着你的方向，越来越靠近天堂。

正如《圣经》中所说：不要为明天忧虑，一天的难处一天当就够了。

我们不能用忧虑使自己过得幸福，也不能用忧虑延长生命，更不能用忧虑解决任何问题。

传说古时候春秋时代杞国有一个人，总是担心有一天会突然天塌地陷，自己无处安身，他常常因此愁眉不展、心惊胆寒，愁得睡不着觉、吃不下饭。

杞人的一位朋友见他这样忧虑，就跑来开导他说："天不过是堆积在一起的气体罢了，天地之间到处充满了这种气体，你一举一动、一呼一吸都与气体相通。你整天生活在天地的中间，怎么还担心天会塌下来呢？"

那个杞国人听了，仍然心有余悸地问："如果天是一些积聚的气体，那么天上的太阳、月亮、星星，会不会掉下来呢？" 朋友答道："太阳、月亮、星星，也都只是一些会发光的气团，即使掉下来，也绝不会砸伤人的。"

可是杞人的忧虑还没有完，他接着问："要是地陷下去了呢？又该怎么办？"

朋友解释说："大地不过是土石块罢了。这些泥土、石块到处都是，塞满了每一个角落。你可以随心所欲在它上面奔跑、跳跃，为什么要担心会塌陷下去呢？你看现在，每个生活在上面的人不是活得好好的吗？"

经过朋友的开导，杞人这才恍然大悟，放下心来，又快快乐乐地过日子了。

这就是“杞人忧天”的由来，生活中如杞人般被忧虑折磨的人不在少数。很多女人总是习惯说“等到……的时候”，然而无论将来怎样，我们都会因为没有关注此刻而错失了今天。

过好此刻，不必忧虑明天。为明天浪费今天的时光，不如将每一刻活得精彩万分，明天只是我们的想象，谁也不知道未来真正会发生什么。明天的事情明天自会到来。

或许有些女人会说：“我正面临着极大的难处，怎么能不忧虑呢？”我们活在今天，就做好今天的事情，无须担忧明天，车到山前必有路，明天自有明天的时光来解答。

屠格涅夫说：幸福不在明天，也不在昨天，它不怀念过去，也不向往未来，它就是现在。把握当下的幸福，才是真正的幸福。无限憧憬明天，幸福永远也不会靠近我们。活在当下，过好此刻，是对生命的尊重，是对时光的珍惜，是对生活的明智选择。不患得患失，不忧虑明天，那么此刻的幸福就是最大的快乐。无数个此刻就是一生。

女人要修炼一份平和的心态，不要轻易被未知的明天纠缠。学会安心地活在此刻，只要撇下忧虑，活好现在，享受此刻每分每秒的生活，幸福定会细水长流，伴你左右。

**与其为自己思想中的“明天”忧虑着，不如像现在这样活在每一天的真实里。**

## 顺水行舟，不必太多虑

金莎太太一直是个多愁善感、忧思过重的人，她心中的忧虑感让她觉得自己似乎很不幸，生活里尽是麻烦。1943年，她的生活中也的确遭遇了不少变故，似乎世界上的一切烦恼都落在了她的身上。其实，不只是金莎太太，换作任何女人，遇到下面这几件事，也会觉得不知所措。

★金莎太太的培训学校在生源方面遇到了问题，她担心学校可能会因此而停办。那一年，不少男孩子都报名参军了，不少女孩子也去了军工厂上班。

★金莎太太的小儿子正在服兵役，生死未卜。

★金莎太太所住的房子，正好处在当时达拉斯市政府要用来建造机场的地段上，而她只能得到房子总价1/10的补偿。当时，房子非常匮乏，自己的房子被征用后，她不知道可以在哪儿买到新房，很有可能要过着居无定所的日子。

★金莎太太家的井水已经干涸，再挖一口新井俨然是不可能的了，毕竟这里很快就要被政府征收。她每天不得不跑到很远的地方打水，她担心在战争结束之前，恐怕都要这样做。

★金莎太太的女儿今年就要高中毕业了，她想考大学，可金莎太太把所有的积蓄都投入培训学校中，根本没钱给她交学费。她不知道，女儿听闻这个消息后会作何感想。

这些事每天困扰着金莎太太，她觉得自己像被什么东西缠绕住了一样，痛苦不堪。她几乎无时无刻不在琢磨着这些问题，可怎么也想不出一个好的解决方法。她甚至把这些问题写在一张纸上，而后贴在自己办公室的墙上，每天都要看几遍。结果，这样做除了让金莎太太更加烦恼之外，没有一点积极的作用。慢慢地，金莎太太自己仿佛也都把墙上贴的这些纸条当作一种“装饰”，把它们全都淡忘了。

几年之后，当她在收拾办公室的时候，忽然看到了那张写了五大烦恼的纸条。具有戏剧性的是，这个时候的金莎太太，早已经不被这些问题所困扰了。

★就在金莎太太的培训学校快要维持不下去的时候，政府要求她代训退伍军人，并开始为她拨款。如此一来，培训学校再也不用发愁生源了。

★战争持续的时间不长，很快就结束了。金莎太太的儿子安全返回，安然无恙。

★一年后，政府决定不再征收这块地，金莎太太不用担心房子的问题了，而且只花了一点钱就挖了一口新的水井。

★金莎太太的培训学校顺利地渡过危机，很快就赢利了，女儿的学费也有了着落。

这时候的金莎太太才恍然大悟：自己从前所担心的那些事，绝大部分都是不会发生的。自己总是被这些事情弄得心情郁闷，纯粹就是在自寻烦恼，现在想想不免觉得有些可笑。自那以后，每当有烦心事的时候，金莎太太都会想尽一切办法把那些事情忘光。

心理学家研究证明，人们忧虑的事情中，有90%以上都不可能发生，很多时候完全是庸人自扰。生命似一朵朵小花，灿烂与否，在于我们今天是否努力破土发芽。我们要做的，就是好好活在当下，踏踏实实活在现在，不要为了那些没有发生的事焦虑不安。

当然，偶尔有忧虑的情绪出现时，你可以试着用一些办法来摆脱它的困扰。

通常来说，忧虑分为两类：一类是通过某种措施可以摆脱的忧虑；另一类是无法排遣的忧虑。当你感到忧虑的时候，不妨将它划分到前一类中，在纸上写出几个切实可行的办法，然后逐一筛选淘汰，剩下最佳的选题，付诸行动。

你可以每天花费固定的一段时间，比如半小时左右，专门思考自己所担心的问题。在这半小时里，大可尽情地发挥你的想象力，并尽可能地将世界想得很糟糕。但规定的时间一结束，不管你想到什么地方，都要把思绪放到一边，留到明天的这个时间再思考。这样做有一个好处，那就是不会让你一整天都忧思重重。平时一旦产生忧虑，也可以用转移注意力的方式来打断忧虑，告诉自己——留到专门的时间再去思考吧！

产生忧虑情绪后，不要郁积于心，耿耿于怀，这样只会让坏情绪不断蔓延，日益加重。当某件事让你心烦不安时，最好别一直想它，你为此再怎么难过、悲伤，也无助于问题的解决，不如果断地丢开它、忘却它。正所谓：想不通的就不想，得不到的就不要。

控制和驱除忧虑最好的办法，就是摆脱金钱名利的束缚。人活着是为了什么？如果只是为了金钱，满足欲望，那么一辈子都会陷入难以满足的忧虑中。纵然有一天，你达成了某些心愿，它们也无法给你带来安宁。当心态平和了，欲望少了，忧虑自然而然也就少了。

人生会随时光一同前进，顺水行舟，不必太多虑。既然未来充满了不确定因素，何不潇洒一些，花开时快乐，花落时忘却。凡事不去苛求，不去担忧，不做无谓的焦虑挣扎，不被虚幻的假象缠身。看准脚下的路，走好脚下的每一步，用积极的心态去收集快乐，怡然自得地享受人生。

**好好活在当下，踏踏实实活在现在，不要为了那些没有发生的事焦虑不安。**

## 人生的滋味，需要慢慢品

生命的意义是什么？

恋旧的女人，认为生命的意义就是对青春岁月的怀想；喜新的女人，认为生命的意义就是拼一个美好的未来；真正懂得生活的女人，知道生命的意义就是活好现在，品味当下的幸福。

有一位笃信佛教的信徒问禅师：“生命的意义是什么？”

禅师答：“生命的意义是享受每一个当下。”

见这位信徒面带困惑，禅师就给他讲了一个故事。

从前，有一个人正在山坡上徒步行走，只听得树林深处一声长啸，忽然蹿出一头吊睛猛虎，这头猛虎显然已经饿极了，见到有人路过于此，便想饱餐一顿。这个人被老虎的突然出现吓得魂不附体，撒腿就跑。跑了没多远，猛虎眼看就要追上他时，慌不择路的他突然看到前面有一个断崖，心想横竖是死了，跳下崖去说不定还能活，于是就纵身一跳落下悬崖。

真是我佛慈悲，断崖壁上恰恰长着一棵松树，这个人落在树上便紧紧地抱着树不敢放手。在树上缓了缓神，他看到这棵树已经很接近山崖底端了，不看不要紧，一看可又惊出了一身冷汗。原来那崖底盘踞着数不胜数的毒蛇，个个昂首吐信，热切期待着他这个从天上掉下来的馅饼。正在惊魂未定时，更糟糕的情况出现了，他发现两只一黑一白的硕大山鼠正以尖利的牙齿噬咬这树干的根部。

“我命休矣！”无奈的他，抬头望着天空，突然发现树冠上有好多松子。“反正是一死，倒不如品一品这些味道绝美的松子。”他心想。

讲完故事后，禅师微笑着向那位信徒解释道：“那头吊睛猛虎就是我们生活中面临的各种艰难困苦，我们为了逃避它们而卖命地向前奔跑，崖底的那些毒蛇就是我们必将面临的死亡，那一白一黑两只山鼠就是白天和黑夜的交替，我们的生活就是在树上的时光，与其悲伤苦恼接下来怎么办，倒不如尝尝松子的味道。这就是享受每一个当下的含义啊！”禅师微笑着说。

生活中，我们难免会遇到很多困难，有些属于过去，有些还未到来，与其为那些困难愁苦终日，倒不如充分地享受一下当下的生活。昨天已经过去，而历史又不能假设，纠结或贪恋过去的事情是一种虚妄；明天尚未到来，而未来又无法臆测，贪恋明日之功也是一种虚妄；只有今天是实实在在把握在我们手中的时光，过好眼下的生活最现实。

有一个年轻的女孩，心存梦想，睿智勇敢，唯一不足的是，她的性子太急躁了，缺少耐心，不能够从容对待破茧成蝶的漫长过程。

一天，她来到佛寺内，对着佛祖叹息道：“佛祖啊，请您告诉我究竟还要等多久我才能梦想成真呢？为什么所有的事情都必须经过漫长的等待才能有结果呢？我希望能够拥有一个可以加快时间前进的法宝，好让我尽快度过那些艰苦等待的过程。”

佛祖听到她说的话便现了身，给了她一个具有法力的钟表，对她说：“你祈求我给你一件法宝，我看你诚恳，决定把这个小钟表赐予给你，有了这个钟表，你就可以如自己所愿了。但是，我需要警告你的是，这个有法力的钟表只能够帮助你快速地向前走，不能帮你后退。”

女孩兴奋极了，忙说：“明白明白！”见她已领会，佛祖重又归于无形。

女孩拿着钟表，左看看右瞧瞧，心想：“我好想快点成熟起来。”她把钟表向前扭动了几圈，瞬间她便长大了许多，从镜子里她看到了自己三十岁的模样，温婉大方，很有气质。她真是乐坏了，觉得这简直就是“踏破铁鞋无觅处，得来全不费工夫”。

几天之后，她突然想到了自己的婚姻：我的另一半是什么样呢？于是，她又转动了钟表的指针。瞬间，她便置身于自己的婚礼中了，她的身旁站着含情脉脉看着自己的帅气新郎，虽然她从未见过他，可那种感觉还是很美妙，她陶醉在婚礼现场悠扬的音乐中。

又过了几天，日子过得趋于平淡了。她想：“不如转动一下钟表，看看我什么时候能够能拥有自己的事业吧！”她再次拨动了钟表。这一回，她变身成了干练的职场达人，置身于一间特别的办公室，周围有一些穿着内衣的模特海报。噢，她恍然大悟，自己已经成了一名优秀的内衣设计师，并有了自己的工作室。

她的欲望层出不穷，又不想耗时等待，总是不停地转动钟表，每次转动钟表，她都会得到一些自己期望中的东西，可谓名利双收，也已经触摸到了人生理想的巅峰。就在她觉得稍微满足了一些，想要慢慢过日子的时候，生命的黄钟大吕已经敲响了最后的警钟，她的生命已经走到了尽头。

在弥留之际，她开始回顾自己的一生。然而，她猝然发现，自己的人生是如此苍白，以至于自己想不起来任何快乐的时光。她捶胸顿足、哭天抢地，悔恨自己不该让自己的人生在加速前进中奔向了生命的终点，她想："如果生命可以重来，我一定要慢一点，再慢一点，慢慢品味生活中每一个时刻的美好。"

人生不能假设，并且佛祖也曾有言在先，那个钟表只能向前不能后退。她在深深的懊悔中，渐渐等待死亡的降临。突然，她啜泣着从梦中醒来，发现自己仍然是一个年轻的女孩，仍然充满了梦想，生命也还有好几十年的光景。

她定了定伤心到极点的情绪，原来那只是一个梦。她心中充满了感激："谢谢佛祖教诲，原来等待是一种经历，慢慢体味人生的每一刻才是幸福的活法啊！"

人生其实只是一种经历，所有的感官体验都必须附着在人生的时间轴上，才能产生实际意义。切不可只顾一味追求人生巅峰的快感，在旅途中走得太过急躁，也忽略了过程的美好，到头来才如梦方醒，悔之晚矣！认真地体会每一段心路历程，是女人成长的轨迹，也是丰富生命最好的途径，无论酸甜苦辣咸，人生的滋味都得慢慢品味才好。

**真正懂得生活的女人，知道生命的意义就是活好现在，品味当下的幸福。**

# 心安是生命最美的状态

无果禅师为了能够专心修禅，搬到深山隐居，一住就是20年。

这些年来，有一对母女经常来看望他、照料他。可是，20年过去了，无果禅师并没有取得太大的成就，他认为自己无法在这里修行得道，便想到外面寻师访道，解除心中的疑惑。

临行前，母女对他说："禅师，不妨再多留几天吧！路上风寒，容我们为你做一件衣服，再上路也不迟。"禅师盛情难却，只好点头答应。

母女二人回家后，连忙着手剪裁衣服。衣服做好后，她们又包了四锭马蹄银，送给无果禅师作为路上的盘缠。禅师心存感激，接受了母女二人的馈赠，于是收拾行囊，准备第二天一早就出发。到了晚上，禅师坐禅养息，半夜里突然出现了一个童子，后面跟着一群人吹拉弹奏，扛着一朵很大的莲花，来到禅师的面前。他们诚恳地说："禅师，请您上莲花台。这就是您要去的地方。"

无果禅师很镇定，他心想："我的修行还没有到这种程度，这种情况来得太早，也太突然了，恐怕不是什么好兆头。”于是，禅师不再理会。童子一再强调：“机会只有这一次，错过了就再也没有了，您可要想清楚啊！”无奈之下，禅师只好随手将一把引磬插在莲花台上，童子和诸人见此情景，高兴地离去了。

第二天早上，禅师正准备动身出发，母女二人过来送行。禅师看到，她们手里拿着一把拂尘。母女二人询问：“这是禅师遗失的东西吗？昨晚家中母马生了死胎，马夫用刀破开，见此引磬，我看像是禅师之物，便给你送了过来。只是不知道，为什么这东西会从马腹中生出来呢？”

无果禅师听后，一场吃惊，说道：“一袭衲衣一张皮，四锭元宝四个蹄；若非老僧定力深，几与汝家作马儿。”他的意思是说，幸好我有一些定力，昨晚禁得住他们的诱惑，没上莲花台。若我上了莲花台，今日你们看到的就不是引磬，而是“我”了——我投胎做了你家的马儿。

说完，无果禅师把马蹄银还给了母女，作别而去。

人生在世，时时处处都存在着诱惑；万世繁华的背后，悬着一颗颗散乱而空虚的心。遭遇得失荣辱的人生落差，有几人可以岿然不动、淡然一笑？在名利声色面前，又有几人可以不为所动、灵魂不受丝毫纷扰？有时，旁人一句不经意的话，都会让一颗不安的心荡起涟漪。

研究生毕业后，苏筱想要留校做学问。对于这个选择，周围不少人给她泼冷水，说她思想太保守，自身条件那么好，完全可以到外面闯荡闯荡，不管是从政还是经商，都比做学问实惠得多。

面对周围的质疑声，苏筱有点受打击，可还是想坚持自己的选择。时隔一年，当她发现身边不少的同学毕业后去了银行、电台、投资公司，社会地位和福利待遇都比自己高出一截时，她再也按捺不住了，竟然憎恶起她一直认为神圣无比的做学问的这一职业。

其实，依照她的能力和才智，做学问很有前途。只是她的心已经不安于本职了，终日满腹牢骚，苦闷不已，一门心思想找机会转行，跳槽到更好的地方，结果，工作上频繁出错，感情上也受了情绪的牵连，最后弄得自己每天郁郁寡欢，对生活也没了热情。

《坛经》中记载着这样一则故事：师徒几人在寺中打坐。突然一阵风来，吹动了旗杆上的幡。一个小和尚说："幡动了。"另一个小和尚说："不是幡动，是风动了。"老和尚平静地说："既不是幡动，也不是风动，是你们的心动了。"

人生是一场修行。在修行的过程中，会遇到各种各样的诱惑，或许是金钱，或许是地位，或许是美丽的风景。有些女人心动了，停住了清修的脚步，从此搁置了修行的计划。可那诱惑是否真的能如人所愿，把最初的那一份繁华与美好延续下去，无人能知。很有可能，那只是一副用花环编织的罗网，一旦进去了，就无法自在与逍遥。

季羡林先生曾说："纵化大浪中，不喜亦不惧。"

世界在变，生活在变，身处两者之中，若终日跟着外界的脚步走，迟早有一天会跟不上它的节奏。唯有把目光转回自己的内心，不为外物所动，在心灵深处营造一个平静而稳定的港湾，以心灵的不变应对外界的万变。保持灵魂的独立和内在的宁静，循着自己的心来行事，而不是人云亦云，人动我亦不安。少了一颗不动心，很容易迷失方向，随波逐流，抵挡不住欲念的牵绊，被诸境所染，被他人所影响。若能掌控自己的心，不随境转，就不会浮躁失控。

当然，要拥有一份这样的心境实属不易，也并非一朝一夕之事，需要不断地积累、不断地修炼，可能要经过沉浮的洗礼，生离死别的考验，还有爱与恨的煎熬。当一切都经历了，一切都走过了，生命变得厚重了，沉静到扰不乱，稳健到动不摇，淡定到打不动。当一个女人心里对外物的感觉变淡了，才能产生绵延的幸福感。

**把目光转回自己的内心，不为外物所动，在心灵深处营造一个平静而稳定的港湾，以心灵的不变应对外界的万变。**

## 充实活着的每一个瞬间

诗人席慕蓉说：“你以为日子既然这样一天一天过来了，自然也会这样一天一天过去，昨天，今天，明天，该是没有什么不同，殊不知，就有那么一天，在你一眨眼一转身，有些人就从你的身边消失不见。每一个今天，都是特殊的，因为在以后的日子里，再也不会有这样的一个今天，无论它是快乐、压抑或者是悲伤的，都让我们无法释怀。”

当你想着下次、下次的时候，殊不知，很多事情其实已经没有下次了。每一秒的感觉都不会再重现，每一个现在都无法还原。多少的人和事，只有一次而已，仅此一次。即使每天走过的路，重复做的事，也掺杂着不同的心情，贯穿着不同的插曲，没有哪一天、哪一刻是完全不变的。当每一个今天过去，它就已经永远成为过去，再不会重来。

公元前500年，古希腊哲学家赫拉克利特告诉他的学生：这个世上的每件事物都在随时变化着，所以说你不可能两次踏进同一条河里。河水每分每秒都在变化，所以走进河水的人也同样在变化。生命就是一个永不停息的变化过程，唯一能够确定的是今天。

一位美国老妇人，60岁时失去了丈夫。终日陪伴自己的人，突然间就这么走了，她实在接受不了，每天痛苦不堪。可是厄运还没有结束，没过多久，更让她痛心的事发生了。

为了争夺父亲的遗产，她的几个子女反目为仇，闹得不可开交。接着，丈夫辛苦经营一辈子的公司，由于管理不善宣告破产。为了偿还债务，老妇人不得不卖掉房子和家中一切值钱的物件。短短几个月的时间里，她就从一个家产丰厚、儿孙满堂的贵妇人，变成了一无所有、无人照看的寡妇。

老妇人崩溃了，不知道今后该何去何从，也不知道自己还能够撑多久。她每天郁郁寡欢，时刻活在担忧和恐惧中。然而，她的心还没有彻底绝望，至少她还有生存下去的意愿。

偶然的一天，她的脑海里冒出一个念头：找一份工作。不过，这个念头出现的时候，她自己也难以置信：有人愿意雇佣一个60岁的老太太吗？就算有人愿意，我能做什么呢？就算我可以做些简单的活，谁愿意相信我并给我机会呢？

她心中有太多的担心、太多的顾虑，越是不安，就越怀念丈夫。那时候的她，生活多么幸福，多么惬意。怀念生出了悲痛，悲痛让她陷入不可自拔的旋涡。时间长了，贫穷、寂寞、忧虑、痛苦侵蚀着她的心，终于化成顽疾。

老妇人进了医院，医生说：“你病得太严重了，得住院治疗。”

“可是我没有钱，我付不起医药费。”老妇人几乎要哭出来了。

医生了解了她的情况后，提出建议："从现在开始，你可以在医院里做些零工，来赚取你的医药费。你看如何？"

老妇人有些担忧，问道："我能做点什么呢？"

从那天起，老妇人就开始手握扫帚，每天不停地忙碌着。在每次打扫的过程中，她什么都不想，内心逐渐恢复了平静。她觉得，对现在的自己而言，没有比这更好的活法了。她不停地忙碌着，每天踏进病房，她都会目睹他人的病痛与灾难。她发现，自己与不少病人相比，情况已经算好的了，至少她还能动，能靠劳动赚钱。渐渐地，她再也不担心什么了，对她来说，最要紧的就是享受现在的每一天，做好自己的工作。

时间一天天过去，老妇人的疾病和忧愁逐渐被驱除。到后来，她开始努力改善自己的生活现状。当医生提议让她"出院"时，老妇人想尽各种办法说服院方让她留下来，继续做保洁员工作。这一做，就是三年。

三年里，老妇人不单单是给病人打扫房间，她还主动安慰病人。因为经常与病人们接触，对他们的情况也很熟悉，她总能知道该对什么样人说什么样的话，来开导对方的情绪。三年之后，老妇人出人意料地被医院聘为心理咨询师。这时的老妇人，已经完全不是最初的样子了。贫穷开始向她告别，忧虑已经离她而去，她用自己的力量创造了一个全新的人生局面。

到了72岁那年，老妇人已经掌控这家医院51%的股份。她在自己办公室的墙上写下这样一句话："昨天的痛，已经承受过了，有必要反复去兑现吗？明天的痛，尚未到来，有必要提前结算吗？只要肯用行动充实‘当下’，勇敢向前，你就会迎来每一个精彩的瞬间。”

昨天匆匆逝去，永不复返；明天水月镜花，犹如泡影，唯有今天是真实且能够把握的。珍惜今天的每一时、每一分，把握今天的每一次机遇，认真做好今天的每一件事。把握住了今天，也就把握住了明天；把握住了今生，也就无须担忧来生是什么样了。

印度知名戏剧家卡里达沙写过一首诗：“向黎明敬礼/看着今天/因为它就是生命，它是生命中的生命/在它短暂的时间里，有你存在的所有变化与现实：成长的福佑，行动的荣耀，还有成功的辉煌/昨天不过是一场梦，明天只是一个幻影，但生活在美好的今天/却能使每一个昨天成为一个快乐的梦，使每一个明天都充满希望的幻景。”

但愿，每个女人都能够认真经营自己的生命，珍惜每天每时每刻，不管过去发生了什么，不管眼下的境遇如何，都不要任由时光老去，任由心灵枯萎。只要努力生活，活好每一天，明天和未来，就会是美好的。

**把握住了今天，也就把握住了明天；把握住了今生，也就无须担忧来生是什么样了。**

## 你要的岁月都会给你

炎夏酷暑的一天，佛陀等人在路上行走，临近中午时分，大家都觉得口干舌燥，想找个地方喝口水。佛陀望了望天上的太阳，对弟子罗汉说："前面不远处有一条小河，你去那儿取点水来，我们就在这里等着，暂时不离开。"

罗汉照吩咐去做了。他提着装水的皮囊走到了那条小河边，因为天气太热，小河已经被蒸发成了一条小溪。每天，这里都会有过路人来饮水，车马也会从中穿过，溪水看起来混浊不清，根本无法饮用或做饭。罗汉摇摇头，垂头丧气地回到佛陀身边，把情况向大家说明，并提议继续往前走，去寻找另外的水源。

佛陀听闻后，抬头看了看太阳，又看了看疲惫不堪的众人，继而对罗汉说："你还是到那里取点水回来吧！今天我们就走到这里，吃了饭再赶路。"

罗汉很不情愿，可又不敢违背佛陀的指令，只得硬着头皮再次来到小溪边。溪水看起来依然混浊，罗汉心想：难道佛陀非要见了这样的水，才肯相信我说的话吗？他从小溪里取了半袋泥水，回来拿到佛陀跟前。佛陀看了看污浊的泥水，神情自若，似乎早已预见到溪水会是这般模样。他缓缓地说：“罗汉，我不是不信任你，你根本没有必要取半袋泥水拿回来给我看。你应该在那里等，看看事情会有什么变化。”

罗汉有些恼怒，说：“如果我们离开这里，去寻找另外的水源，情况就不会是这样了。”

佛陀笑着回答：“不，这不符合世人做事的道理。你如何保证下一处水源就是清澈的？如果依然是混浊不堪的，那又该怎么办？难道还要走回来找这条小河吗？只有现在就再到那条河里去取水，才是最方便、最可行的办法。”

罗汉实在有些不愿意去，可又不能不去，只好问：“您让我再去取水，是不是有什么办法可以让溪水变得清澈呢？”

佛陀说：“你什么也不必做，就在那里等就是了，否则，你只会让溪水变得更加混浊。如果所有人都不进入那片水域，溪水早就有了变化。现在，你要做的就是等，等它自己变化。”

罗汉又一次去了溪水边，此时，水里的泥沙已经渐渐地沉淀了下去。一会儿的工夫，整条小溪竟然变得清澈明亮了。看到眼前的情景，罗汉先是惊讶，而后变得惊喜，笑呵呵地取了一些干净的水回去。

看到这些水，佛陀说：“今天，我还没有向大家讲法。刚刚你们都看到了罗汉三次取水，今天的法我就想从这儿讲起。天底下没有什么东西是永恒不变的，任何事物都在变化，只要你参透了这一点就会明白，耐心等待，什么变化都有可能发生。作为人，都会遇到烦恼的事，但真的不必让它长久地停留在心里，时间久了，它会慢慢沉淀，而后生活亦会变得清澈。”

世间纷扰的一切纠缠在一起，就如同那瓶子里的水，你若不停在浮躁与焦虑中摇晃，不肯静心去思索保持心灵的安静，就会感到生活是一团糟，所有的事情都掺着痛苦的味道，在消沉与失望中，就会丧失对明天的期待。然而，总有一些人，能从混浊的生活中提炼出快乐，其中的智慧就在于，沉淀生命。

所谓沉淀，就是让自己的心静下来，让烦恼和痛苦沉淀在心底，无论它们是否能够消除，都只给它们一小片存在的空间。时间久了，不去理会它们，心情就会变得越来越清澈。如果烦恼过不去，那一定是自己在搅动，而并非烦恼本身不走。

某年夏天，一位教授沿着黄河旅行，途中用瓶子灌了一瓶泥浆翻滚的水。隔着水瓶看，里面混浊不堪，根本分不清到底是沙还是水。一段时间后，瓶子的水开始变清，泥沙沉淀到了杯底，泥沙上面的水变得很清澈，泥沙全部沉淀只占整个瓶子的五分之一，其余的五分之四都成了清清的河水。

这件事给教授带来了很大的启发，后来他把自己的经历和感悟告诉自己的学生：生命中的幸福和痛苦，就如同那瓶子里的水，唯有沉淀痛苦，才能遇见幸福。

沉淀，就是要清除心灵上的各种杂质——急躁、焦虑、痛苦、烦恼，以求不迷失自己，不步入歧途。如果此刻的你正被现代生活的快节奏搅扰得心神不宁，心里充满着对未来的种种担忧、对现状的种种焦虑，请你试着放松下来，给自己一点时间，给岁月一点时间。

三毛曾经说过："生活，是一种缓缓如夏日流水般的前进，我们不要焦急。我们三十岁的时候，不应该去急五十岁的事情，我们生的时候，不必去期望死的来临，这一切，总会来的。"

别那么急，别那么慌，生命不是一蹴而就的事情，没有一天长大的孩子，没有一夜长高的树木，何况是漫长而久远的人生。沉淀心性，慢慢等待，你所希冀的明天，总会在一步一个脚印的前进中，姗姗而来；你所期待的爱情，总会在经历了足够的考验后，给你一份满意的答卷；你所渴望的成功，总会在坚持不懈和日益精进中带你攀向高峰。

**人，都会遇到烦恼的事，但真的不必让它长久地停留在心里，时间久了，它会慢慢沉淀，而后生活亦会变得清澈**